世界一线城市历史文化商业街区转型与提升路径研究

李胜　著

中国财富出版社有限公司

图书在版编目（CIP）数据

世界一线城市历史文化商业街区转型与提升路径研究/李胜著.—北京：中国财富出版社有限公司，2022.6

ISBN 978-7-5047-7729-4

Ⅰ.①世…　Ⅱ.①李…　Ⅲ.①市中心—商业街—城市规划—研究　Ⅳ.①TU984.16

中国版本图书馆CIP数据核字（2022）第109143号

策划编辑	李彩琴	**责任编辑**	张红燕　孟　婷	**版权编辑**	李　洋
责任印制	梁　凡	**责任校对**	卓闪闪	**责任发行**	董　倩

出版发行	中国财富出版社有限公司	
社　　址	北京市丰台区南四环西路188号5区20楼	**邮政编码**　100070
电　　话	010-52227588转2098（发行部）	010-52227588转321（总编室）
	010-52227566（24小时读者服务）	010-52227588转305（质检部）
网　　址	http://www.cfpress.com.cn	**排　　版**　宝蕾元
经　　销	新华书店	**印　　刷**　北京九州迅驰传媒文化有限公司
书　　号	ISBN 978-7-5047-7729-4/TU·0057	
开　　本	710mm×1000mm　1/16	**版　　次**　2023年2月第1版
印　　张	9.75	**印　　次**　2023年2月第1次印刷
字　　数	154千字	**定　　价**　62.00元

前　言

世界一线城市指的是在全球政治、经济等社会活动中处于重要地位并具有辐射带动能力的大都市，主要体现在城市发展水平、综合经济实力、辐射带动能力、对人才吸引力、信息交流能力、国际竞争力、科技创新能力、交通通达能力等各个层面。世界一线城市在生产、服务、金融、创新、流通等全球活动中起到引领、辐射等主导功能，其中生产性服务业已成为当代世界城市产业发展的战略制高点。全球化与世界城市研究网络（Globalization and World Cities Research Network，GaWC）（程遥、赵民，2018）的《世界城市名册》是全球一、二、三、四线城市体系的权威排名之一。在2020年世界城市排名中，中国入选的世界一线城市有六个：香港、上海、北京、广州、台北、深圳。①

历史文化商业街区是一个城市经济、社会、文化、历史、文脉、场所感和建筑等价值的集合，是一个城市不可复制的重要资产。历史文化商业街区丰富了城市内涵，它对提升城市形象、增强城市吸引力、提高城市品位和竞争力具有重要作用，然而国内许多历史文化商业街区未能有效地发挥其应有的价值。因此，如何有效开发和利用好历史文化商业街区这一重要的城市资产，是值得社会各界认真探讨的重要课题。

本书从流通软实力和消费者体验的视角，综合采用文献研究法、案例研究法、实地考察法、AHP-模糊综合评价法、构建结构方程模型（SEM）、网络爬虫等进行研究。本研究可以补充、丰富和完善当前国内对于世界一线城市历史文化商业街区的理论研究成果。通过世界一线城市历史文化商业街区

---

① 摘选自百度百科"世界一线城市"词条。

演化路径分析、世界一线城市历史文化商业街区评价指标体系构建与应用研究、世界一线城市历史文化商业街区顾客满意度影响因素分析和北京坊商家消费者关注点研究，为世界一线城市历史文化商业街区转型与提升路径选择提供参考。以上研究的具体内容如下所示。

1. 世界一线城市历史文化商业街区演化路径分析

以北京前门历史文化商业街区为例，对该街区典型的三条商业街进行多案例研究，使用断代法对三条商业街的演化过程进行划分，梳理商业街的演化路径、主要特征。运用多级编码的方式，从演化过程中梳理归纳出影响历史文化商业街区发展的关键因素。探讨各要素之间的相互作用以及推动历史文化商业街区持续发展的机制，为探索世界一线城市历史文化商业街区的可持续发展提供依据。

2. 世界一线城市历史文化商业街区评价指标体系构建与应用研究

在梳理流通软实力和商业街评价体系研究的基础上，通过归纳世界一线城市著名商业街的核心特征和流通软实力，构建世界一线城市历史文化商业街区评价指标体系。运用 yaahp 软件建立模型，通过 AHP-模糊综合评价法确定世界一线城市历史文化商业街区评价指标体系权重，并对北京前门历史文化商业街区具有代表性的前门大街、大栅栏商业街和北京坊进行评价，为北京前门历史文化商业街区未来发展路径提供指导。

3. 世界一线城市历史文化商业街区顾客满意度影响因素分析

基于消费者体验的视角，通过对北京坊消费者进行问卷调查，采用相关分析、验证性因子分析、通径分析等构建影响北京坊顾客满意度的结构方程模型（SEM）。

4. 北京坊商家消费者关注点研究——基于大众点评网用户评论分析

大众点评网作为一个较受欢迎的第三方消费点评平台，其传播内容对消费者的认知、决策有很大的影响。本书通过网络爬虫抓取大众点评网上对北京坊的用户评价数据，结合描述性分析、文本分析等方法，探究消费者对北京坊商家的态度、评价以及关注点，在此基础上分析如何改善北京坊的现状。

本书研究得到北京市哲学社会科学研究基地——北京国际商贸中心研究基地课题"国际一流城市中心商业街区转型提升路径选择的实证研究"

（ZS201801）的大力支持。

　　感谢北京财贸职业学院商业研究所所长、北京京商流通战略研究院院长赖阳研究员，北京信息科技大学经济管理学院周飞跃副教授（博士）在构建世界一线城市历史文化商业街区评价指标体系中给予的前瞻性建议；感谢北京工商大学辛士波副教授（博士）对构建北京坊顾客满意度结构方程模型所做的贡献；感谢中央财经大学李季教授对基于大众点评网用户评论分析部分的大力支持；感谢北京财贸职业学院商学院平建恒院长、北京联合大学研究生魏静在世界一线城市历史文化商业街区演化路径分析中所做的贡献；感谢北京信息科技大学经济管理学院研究生吴妍在北京前门历史文化商业街区的AHP-模糊综合评价中所做的贡献。

　　由于时间和水平所限，书中难免有不妥之处，敬请广大读者批评指正。

李胜

2022年5月1日于北京

目　录

1 总论

1.1 研究背景及意义

城市的发展是一个由新而旧，又由旧而新的过程，在此过程中城市街区的复兴与更新便成为城市发展中不可回避的理论和现实问题。党的第十九届五中全会通过的《中共中央关于制定国民经济和社会发展第十四个五年规划和二○三五年远景目标的建议》明确提出实施城市更新行动。在新的发展时期，城市更新已上升到国家战略层面，意义重大。面对新的发展环境和条件，城市街区的复兴与更新，应具有适应时代发展新形势的新特点。

城市更新包括历史文化街区改造。习近平总书记在北京考察工作时强调，历史文化是城市的灵魂，要像爱惜自己的生命一样保护好城市历史文化遗产。住房和城乡建设部部长王蒙徽指出，建立城市历史文化保护与传承体系，加大历史文化名胜名城名镇名村保护力度，修复山水城传统格局，保护具有历史文化价值的街区、建筑及其影响地段的传统格局和风貌，推进历史文化遗产活化利用，不拆除历史建筑、不拆真遗存、不建假古董。

世界一线城市是指在全球政治、经济等社会活动中处于重要地位并具有辐射带动能力的大都市。在全球著名的评级机构 GaWC 发布的《世界城市名册》2020 年榜单中，中国的香港、上海、北京、广州、台北、深圳等入选世界一线城市。历史文化商业街区[①]是一个城市经济、社会、文化、历史、文脉、场所感和建筑等价值的集合，是一个城市不可复制的重要资产。历史文

---

① 历史文化商业街区是以商业发展为主要内容的囊括商业型和商住混合型的历史文化街区，详见 1.4 核心概念和研究对象。

化商业街区丰富了城市内涵，它对提升城市形象、增强城市吸引力、提高城市品位和竞争力具有重要作用，然而国内许多历史文化商业街区未能有效地发挥其应有的价值。因此，如何有效开发和利用好历史文化商业街区这一重要的城市资产，是值得社会各界认真探讨的重要课题。

1.2　国内外研究综述[①]

（1）历史街区保护利用理论

历史街区的保护经历了三次思潮（Burtenshaw，1991；Ashworth，Tunbridge J. E.，1990）。Tim Heath（1996）等人认为对城市历史街区应当强化保护性开发利用和更新。与此相类似，我国著名学者吴良镛（1994）提出了有机更新理论，宋晓龙、黄艳（2000）提出了"微循环式"保护和更新理论，张鹰（2006）提出了愈合理论。

（2）历史街区复兴和更新模式

Brenda S. A. Yeoh 和 Shirlena Huang（1996）提出要在城市发展过程中解决历史街区与城市肌体的脱离问题。阮仪三、顾晓伟（2004）对中国历史街区保护与更新实践中出现的模式进行总结，将其分为上海的"新天地"模式、桐乡的"乌镇"模式、北京的"南池子"模式、苏州的"桐芳巷"模式和福州的"三坊七巷"模式。王敏、田银生、袁媛（2010），鲍黎丝（2014），王河、吴楚霖、张威（2019）从"混合使用""场所精神"、历史性城镇景观（HUL）方面对历史街区保护与更新的路径进行了探索。孙菲（2020），朱昭霖、王庆歌（2018）从空间生产理论探讨历史街区更新逻辑。

（3）公众在历史街区复兴和更新中的角色

Gareth A. Jones 和 Rosemary D. F. Bromley（1996）从如何鼓励历史街区房屋的主人保护和更新他们的建筑角度探讨其对历史街区商业价值的长期影响。目前国内历史街区公众参与的研究聚焦于居民态度和公众参与途径的有效方

[①]　我国对"历史街区"进行了细分，有了"历史文化街区"这一概念，而国际领域则沿用"历史街区"的概念。

法。王莉、杨钊、陆林（2003）分析了当地经营者和居民对保护和旅游开发的真实愿望和存在问题。彭恺、周均清（2012）提出历史街区的保护与复兴需要多方利益相关者的共同参与及合作。

（4）历史街区保护性规划设计

Steven Tiesdell（1995）认为地方政府应当在城市历史地段的保护与复兴中担当引导者的角色，重点是做好与确立和实施保护性规划设计的相关政策法规。关于如何进行保护性规划设计，吴良镛（1993）、阮仪三（1999、2000）等利用形态学、类型学等方法进行历史街区保护与更新设计研究。黄焕、Bert Smolders、Jos Verweij（2010）将文化生态理念运用在历史街区的保护规划中。王成芳、孙一民（2012）探讨了基于 GIS 和空间句法（比尔·希列尔）的历史街区保护更新规划方法。张春霞等（2019）运用参数化技术重构历史街区空间。

（5）历史街区的旅游发展

Dutta、Banerjee、Husain（2007）从旅游经济学角度研究了发展中国家如何解决历史街区保护与开发之间的矛盾。Teh Yee Sing、Sasaki Yoh（2016）基于旅游导向活动类型学的视角对历史街区景观开展了研究。刘家明、刘莹（2010）从体验视角探讨了历史街区旅游复兴的思路。梁学成（2020）提出历史文化街区的三大旅游开发模式。

（6）历史街区活力评价

目前有很多学者针对历史街区的活力评价进行了一系列的研究。例如，Ewing等（2006）提出街区活力指标主要包括意象性、围合性、人性尺度、透明度和复杂性。严钧等（2019）基于层次分析法从经济、社会、生态、环境四个方面植入历史街区文脉的评价指标。雷诚等（2018）选择空间可达性、空间性质、空间质量三个一级指标构建历史街区活力评价体系。毛志睿等（2021）结合网络开源数据构建历史街区街道活力评价指标体系。

（7）历史街区保护与更新的产权

历史街区保护与更新的产权问题已经受到学界的广泛关注，周详、成玉宁等（2019）提出产权制度是遗产社区保护和发展的矛盾所在。石莹、王勇

（2016）认为模糊、破碎、单一的产权问题是历史街区保护与更新中市场失灵的根本原因。董亦楠、韩冬青、黄洁（2021）认为产权的变更是传统街区逐渐走向衰败的重要原因之一。陆建成、罗小龙（2021）以私有产权型历史街区为例，探究历史街区衰败问题。

综上所述，虽然现有研究已经取得了很大成果，研究内容不断丰富，理论体系不断完善，研究方法越发多样。但总体来看，尚存一些不足：①对世界一线城市历史文化商业街区演化路径及影响因素研究还较缺乏；②目前还较缺乏对世界一线城市历史文化商业街区评价指标体系构建与应用研究；③由于北京坊开业时间较晚，当前学者对北京坊的关注度尚不高，还缺乏基于消费者体验视角的对北京坊顾客满意度的研究，缺乏基于大数据探究的顾客对北京坊商家的态度、评价以及关注点的综合研究。

1.3　学术价值和应用价值

本书基于流通软实力和消费者体验的视角，综合采用文献研究法、案例研究法、实地考察法、AHP–模糊综合评价法、构建结构方程模型、网络爬虫等进行研究。本研究可以补充、丰富和完善当前国内对于世界一线城市历史文化商业街区的理论研究成果。通过世界一线城市历史文化商业街区演化路径分析、世界一线城市历史文化商业街区评价指标体系构建与应用研究、世界一线城市历史文化商业街区顾客满意度影响因素分析、北京坊商家消费者关注点研究等为世界一线城市历史文化商业街区转型与提升路径选择提供参考。

1.4　核心概念和研究对象

（1）历史街区和历史文化街区

"历史街区"概念的初次提出是在国际现代建筑学会于1933年8月通过的《雅典宪章》中。1987年，国际古迹遗址理事会在《华盛顿宪章》中提出"历史城区"概念（张锦东，2013）。1994年发布的《历史文化名城保护规划编制要求》中正式提出"历史街区"的概念，而这一概念被学术界广泛采用则始于1996年在安徽黄山屯溪组织召开的历史街区保护国际研讨会。国内学者在使用"历史街区"概念时有广义和狭义之分，二者分属两个不同的空间层次：广义的"历史街区"对应的英文词组主要有Historic Urban Areas、Historic District、Historic Site 等，基本指代"历史城区"和"历史地段"概念；而狭义的"历史街区"对应的英文词组主要有Historic Block、Historic Street、Historic Neighborhood 等，大致对应西方城市形态中"城市街区"（Urban Block）的概念范畴。[①]

"历史文化街区"一词的使用始于20世纪90年代后期，2002年修订的《中华人民共和国文物保护法》中称"历史街区"为"历史文化街区"，从此"历史文化街区"成为一个法定名词。[②]2005年颁布的《历史文化名城保护规划规范》将"经省、自治区、直辖市人民政府核定公布应予重点保护的历史地段，称为历史文化街区"。在我国，历史文化名城保护体系中观层面的概念趋于细化，其中"历史文化街区"内含于"历史街区"，其指代内容更加具体、明确。而在国际领域中则依然沿用"历史街区"的概念。

（2）历史文化商业街区

从历史文化街区功能角度进行分类，可将国内历史文化街区分为居住型、商业型和商住混合型。本书研究的是以商业发展为主要内容的囊括商业型和商住混合型的历史文化街区，将其称为历史文化商业街区。

历史文化商业街区是具有一定历史文化底蕴和传统特色的商业街区，其作为历史文化街区中的一类，是由马路上零散的商品交易点经长时间发展而形成的，最能反映城市的发展历程、经济活动的演变和传统特色的传承。历史文化商业街区是包含历史特征并相对独立完整的城市生活空间，通常具有因顺应街区发展而"生长"起来的原生街区商业文化，这些原生街区商业文化历经数百年的传承与发展，凝结了老字号、土特产等的商业文化精髓，从而造就了不可或缺的历史文化商业街区。

---

① 李晨."历史文化街区"相关概念的生成、解读与辨析［J］.规划师，2011，27（4）：100–103.

② 见《中华人民共和国文物保护法》第十四条。

　　历史文化商业街区是历史文化街区中以商业功能为主的街区，一般处于城市的核心地段，为居民和游客提供商业服务，同时还担当着展示城市特色文化的功能。历史文化商业街区的存在能够将无形的文化价值转化为经济价值，直接带动城市的经济发展。

　　（3）实证研究对象

　　本书将世界一线城市（北京）历史文化商业街区——北京前门历史文化商业街区（以下简称北京前门街区）作为整体研究对象，选取该街区具有代表性的三条商业街进行实证研究。

　　在民间通俗性称谓中，北京"前门"不仅是正阳门城楼的俗称，而且已经成为一个地域性概念，泛指前门周边的生活空间、文化空间与商业空间（王淑娇，2019）。"前门"有两层含义：一是特指前门城楼、箭楼和瓮城。二是泛指一个街区，包括前门大街、东西河沿、廊坊二三四条、打磨厂及鲜鱼口等（孟丹，2016）。前门地区被分为前门步行街、北京坊、大栅栏和鲜鱼口等几个小型综合体（蒋红斌、张无为，2020）。

　　本书选取北京前门街区具有代表性的三条商业街加以实证研究。具体包括前门大街、大栅栏商业街和北京坊。

　　①前门大街。本书研究的前门大街是位于北京中轴线、正阳门外改造后的新前门大街，包含前门大街街道和街道两侧的建筑。北起前门月亮湾，南至天桥路口，南面与天桥南大街相连。旧时是京城建筑文化、商贾文化、梨园文化、会馆文化、民俗文化的汇聚之地，被人们称为"天下第一街"，以繁盛闻名天下。乾隆皇帝诗中有云："丽日和风调玉律，彩幡花胜耀天街。"

　　②大栅栏商业街。本文研究的大栅栏商业街原名廊坊四条，东起前门大街，西至煤市街，是北京著名的传统商业街。明代时为防止盗贼进入而在街巷口处设置木栅栏，廊坊四条的木栅栏外观华丽且耐用，因而得名"大栅栏"。大栅栏商业街内汇聚了众多老字号，旧时曾有"京师之精华，尽在于此；热闹繁华，亦莫过于此"的美誉。如今，作为北京旅游的必去之处，大栅栏商业街因其具有特色的历史风貌和老字号京商文化吸引着众多国内外游客（孟丹，2016）。

③北京坊。北京坊位于北京城市中央，正阳门外，中轴线以西，与天安门广场直线距离约100米。东至珠宝市街，西至煤市街，南至廊房二条，北至西河沿街。整体呈现为"一主街、三广场、多胡同"的空间格局。北京坊是由吴良镛院士领衔担任总顾问、7位著名建筑师操刀设计的，是一组由沿街8栋各具特色的单体建筑与街区内众多历史建筑组成的标志性建筑集群。北京坊是二环内稀有的开放式商业街区。北京坊毗邻故宫博物院、国家大剧院、国家博物馆等国家级文化机构，吸引了大量国内外旅行者和文化消费者，具备打造具有世界影响力的文化消费区资源优势。

1.5 基本思路

本书以问题为导向，对国外历史街区研究动态进行分析，并对国内外研究现状进行述评。理论与实证研究聚焦于世界一线城市历史文化商业街区演化路径分析、世界一线城市历史文化商业街区评价指标体系构建与应用研究、世界一线城市历史文化商业街区顾客满意度影响因素分析和北京坊商家消费者关注点研究，研究的技术路线详见图1-1。

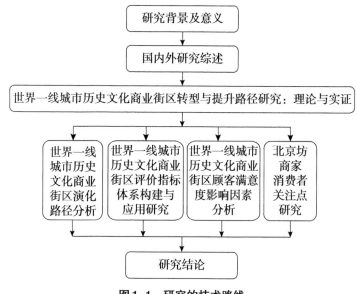

图1-1 研究的技术路线

1.6 研究方法

本书综合采用文献研究法、案例研究法、实地考察法、AHP-模糊综合评价法、构建结构方程模型、网络爬虫等进行研究。

（1）文献研究法

梳理国内外有关历史街区的发展现状、典型案例，将其进行归类整理，并整合学者的观点进行相关述评。

（2）案例研究法

以北京前门街区为例，基于扎根理论的研究方法，运用多级编码的方式，从街区演化过程中梳理归纳出影响街区发展的关键因素。对该街区三条典型的商业街进行多案例研究，梳理历史文化商业街区的演化路径、主要特征。

（3）实地考察法

本书通过对北京前门这一历史文化商业街区进行实地考察和问卷调研，对北京前门街区三条商业街的"前世今生"进行多角度、全方位的了解，获得第一手资料。

（4）AHP-模糊综合评价法

通过归纳世界一线城市著名商业街的核心特征和流通软实力，构建世界一线城市历史文化商业街区评价指标体系。运用yaahp软件建立模型，通过AHP-模糊综合评价法确定世界一线城市历史文化商业街区评价指标体系权重，并对北京前门街区具有代表性的三条商业街进行评价。

（5）构建结构方程模型（SEM）

基于消费者体验的视角，通过对北京坊消费者进行问卷调查，采用相关分析、验证性因子分析、路径分析等构建影响北京坊顾客满意度的结构方程模型（SEM）。

（6）网络爬虫

通过网络爬虫抓取大众点评网上对北京坊的用户评价数据，结合描述性分析、文本分析等方法，探究消费者对北京坊商家的态度、评价以及关注点。

2 理论基础

2.1 扎根理论

2.1.1 扎根理论概述

扎根理论（Grounded Theory）是1967年由美国学者格拉泽（Glaser）和斯特劳斯（Strauss）两位学者在《扎根理论的发现：质化研究的策略》一书中共同提出的。

该理论是在没有先行预设的情况下，对目标对象进行资料的收集与获取并进行归纳，进而从中提取理论的一种质化研究方法。哈默斯利（Hammersley，1989）认为，扎根理论是一种具备科学性的研究方法。扎根理论作为一种研究方法从产生初始，它的使命就已明确，即借助质化研究的方法来建构理论。早期的扎根理论只采用归纳的方法，其得出的结论由其他学者验证。而随着研究的发展，在20世纪80年代，Glaser 和 Strauss 分别在各自的著作中提到了扎根理论的应用应该包含理论的验证和发展理论，此时扎根理论的研究逻辑更加具备科学性，成为综合了演绎和归纳两种逻辑的研究方法。

扎根理论自提出以来，在不断地研究与发展中逐渐形成了三大流派，即经典扎根理论流派、程序化扎根理论流派和建构型扎根理论流派。经典扎根理论流派最初由 Glaser 在 *Theoretical Sensitivity* 中提出，在这一流派中，强调对原始资料的本真性的保持，在研究过程中避免程序化，实际编码过程由实质性编码和理论性编码组成。Strauss 与柯宾（Corbin）在经典扎根理论的基础上提出的程序化扎根理论，加入了根据典范模式进行编码的环节，使得扎根理论向实证方向发展，是当前国际使用较为广泛的扎根理论研究方法。而卡麦兹（Charmaz）的建构型扎根理论，在经典扎根理论和程序化扎根理论的基础上增加了结构化分析的环节，认为研究者能够在与研究对象、研究视角与实践的参与和互动中建构自己的扎根理论。

随着扎根理论在国际范围内的发展，其在越来越多的学科领域得到应用，如教育学、心理学、社会学和管理学等，而国内不少学者也对扎根理论的研究方法与研究过程进行梳理，以探索如何科学合理地应用扎根理论。陈向明（1999）在研究中梳理了扎根理论的基本思路与三级编码的操作程序，并借助案例对扎根理论的应用进行了讨论。费小东（2008）通过对国外学者对扎根理论的研究进行回溯，比较分析了不同版本扎根理论的方法论区别，并主要介绍了原始版本的扎根理论的要素、研究程序和评判标准。王璐、高鹏（2010）主要从扎根理论要求严格实践"持续比较"和"理论取样"的基本思想出发，分别阐述了该理论纵向理论建构与横向理论建构的适用情景。贾旭东、衡量（2016）从工商管理的视角梳理了经典扎根理论的程序，同时提出了"扎根精神"，认为扎根理论三大流派都遵循理论源于实践的原则。

2.1.2 扎根理论研究方法的要点[①]

（1）从资料中产生理论

扎根理论的研究者在研究之初一般没有理论假设，他们直接从实际观察入手，从原始资料中归纳出经验，然后上升到理论。扎根理论特别强调从资料中完善理论，认为只有通过对资料的深入分析，才能逐步形成理论框架。扎根理论研究是一个边收集资料，边检验假设的连续循环过程，研究过程中含有检验的步骤。

（2）对理论保持敏感

扎根理论的目的是建构理论，扎根理论认为理论比纯粹的描述具有更强的解释力，因此它特别强调研究者要对理论保持高度的敏感。不论是在设计阶段，还是在收集和分析资料的时候，研究者都应该对自己现有的理论、前人的理论以及资料中呈现的理论保持敏感，注意捕捉新的建构理论的线索。

---

① 此部分内容可详见百度百科"扎根理论"词条。

（3）不断比较

扎根理论严格遵循归纳与演绎并用的推理、比较、假设检验与理论建立等科学原则，它不断将资料与资料、理论与理论进行比较，然后根据资料与理论之间的关系提炼出相关的类别和属性。不断比较的过程分为四个步骤，依次是事件之间比较、概念与更多事件之间比较、概念之间比较、外部比较（如与文献进行比较）。

（4）理论性抽样

理论性抽样是研究者收集、编码和分析数据的同时发展理论的过程，决定下一步要收集什么数据以及从哪里找到数据。这个数据收集过程由正在形成的理论所决定，而不是事先决定的。

（5）理论性饱和

作为停止抽样的标准，理论性饱和是指无法获取额外数据的点。理论性饱和通常是通过交替收集和分析数据获得的。

（6）对文献的运用

文献回顾是扎根理论研究方法论较之其他研究方法论最具差异性和争议性的研究步骤。当概念化的数据分析完成之后，研究者会回顾和比较相关领域的文献，从而判断某项研究如何、在何处与现有文献相呼应。这种阅读和使用文献的方式，可以让研究者保持自由和开放的态度，防止已知文献对后来数据分析和解读带来污染。

2.1.3 扎根理论方法选择：程序化扎根理论

程序化扎根理论最初由 Strauss 和 Corbin 在 *Basics of Qualitative Research Analysis*（《质性研究的基础》）一书中提出，与经典扎根理论强调尽可能减少人的主观性有所不同的是，程序化扎根理论认为数据隐含了许多假意，可以通过预设的方法来进行归纳整理（贾旭东、衡量，2016）。在具体的操作过程中，程序化扎根理论主要采用开放编码、主轴编码和选择性编码这三级编码程序。

（1）一级编码（开放编码，Open Coding）

开放编码是程序化扎根理论的第一个阶段，是对获得的数据进行标签化、概念化与范畴化处理的过程。在具体的操作中，需要研究者对数据进行标签化处理，以便在后续的编码过程中提取概念从而进行范畴的划分。在实际操作中，为了保证概念能够接近数据的真实情况，通常要求研究者对原始数据进行逐句编码，而编码产生的标签对于研究者的后续编码与研究具有建立联系从而进行有效归纳与提炼的作用，与此同时，逐句编码的形式能够避免出现信息遗漏，也能够激发研究者产生新的想法，从而丰富研究内容。

（2）二级编码（主轴编码，Axial Coding）

主轴编码是对前期产生的初始范畴进行关系梳理与创建的编码步骤，而梳理与创建的关系包括因果联系、脉络结构等。主轴编码想要对分散的范畴与概念进行串联，需要通过借助典范条件模型中的"6C"模型梳理范畴形成主轴，这里的"6C"模型代表六大要素，包含因果条件、现象、情景、中介条件、行动/互动策略和结果。主轴编码主要是为了在典范条件模型的指导下将前期的初始范畴进行归纳与总结处理，凝练成具有一定概括意义的主范畴和副范畴，并在此基础上尝试建立各方面的联系，直到编码与范畴、范畴与范畴间的关系梳理没有矛盾和冲突且能够对实际情况作出解释（许爱林、郑称德、殷薇，2012）。

（3）三级编码（选择性编码，Selective Coding）

经过开放编码与主轴编码，研究的一些核心范畴将逐步浮现，选择性编码是对核心范畴选择与设定的过程。在对主、副范畴进行完善的基础上，将其反馈到关键概念的类型特征中，使其对内部关系展开持续的检验与分析，在此基础上进行识别与区分，从而建立核心范畴与其他部分的联系。一般来说，核心范畴需要具备的条件包括以下内容：在所有的类属关系中处于中心位置，且和其他形式的范畴在常规情况下能够建立联系；在相关内容出现频率上，需要最大化出现在信息文本中；能够在保持内容多样性的同时，与其他形式的范畴建立联系。

2.2 顾客满意度相关理论

2.2.1 顾客满意度和顾客满意度指数

卡多佐（Cardozo，1965）首次在营销领域提出了"顾客满意"概念，他认为顾客满意会导致消费者的购买行为，指出了顾客满意和再购买间的关系。霍华德、谢思（Howard，Sheth，1969）认为顾客满意度是购买者对于其所付出受到合理或不合理的补偿所产生的一种心理认知状态。戴、博杜尔（Day，Bodur，1977）将顾客满意度定义为一种由经验和评估产生的过程。奥利弗（Oliver，1980）从期望与效用视角出发，认为顾客满意度与其购买意向和态度相关，满意度越高，消费者重复购买的意向就越强。邱吉尔、塞普纳（Churchill Jr，Surprenant，1982）指出顾客满意是一种购买结果，是指顾客比较与购买产品时所付出的成本与使用产品所获得的效益结果。

顾客满意度指数（Customer Satisfaction Index，CSI）是在期望不一致理论基础上发展起来的［Oliver，1980；Oliver，1981；卡杜塔、伍德洛夫和简金思（Cadotte，Woodruff and Jenkins），1987；Oliver，1997］，是一种对顾客满意状况的量化测评指标。

2.2.2 国外经典顾客满意度指数模型

1.瑞典顾客满意度指数模型

Fornell提出了瑞典第一个满意度晴雨表——瑞典顾客满意度指数（Sweden Customer Satisfaction Barometer，SCSB）模型。其核心概念是顾客满意，它是指顾客对某一产品或者某一服务提供者迄今为止全部消费经历的整体评价（Johnson，Fornell，1991），这是一种累积的顾客满意（Cumulative Satisfaction）。该模型（见图2-1）包括五个潜变量（结构变量）和六大关系，其中感知绩效（又称为感知价值，即商品或服务的质量与其价格相比在顾客心目中的感知定位）、顾客预期（又称为顾客期望）是顾客满意的原因变量，顾客抱怨、顾客忠诚为顾客满意度的结果变量。

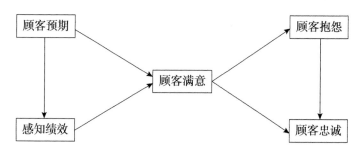

图2-1 瑞典顾客满意度指数（SCSB）模型

2.美国顾客满意度指数模型

美国顾客满意度指数（American Customer Satisfaction Index，ACSI）模型于1994年被提出，是衡量美国经济的重要标准之一（朱竑、郭婷、南英，2009），是由Fornell等人在SCSB模型的基础上创建的（刘新燕等，2003）。它以顾客行为理论为基础选取了六个结构变量（朱竑、郭婷、南英，2009）：顾客期望、感知质量和感知价值是三个前提变量，顾客满意、顾客抱怨、顾客忠诚是三个结果变量，前提变量综合影响并决定着结果变量。与SCSB模型相比，ACSI模型（见图2-2）主要创新之处在于增加了一个潜变量——感知质量。如果去掉感知质量及与其相关的路径，ACSI模型几乎可以还原为SCSB模型。

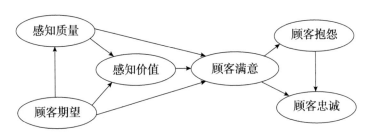

图2-2　美国顾客满意度指数（ACSI）模型

3.欧洲顾客满意度指数模型

1999年，欧洲管理基金会在SCSB模型和ACSI模型的基础上进行继承和调整，构建了适合欧洲各国的顾客满意度指数（European Customer Satisfaction Index，ECSI）模型（见图2-3）。ECSI模型继承了ACSI模型的基本架构和一些核心概念，如顾客期望、感知质量、感知价值、顾客满意以及顾客忠诚（刘新燕等，2003）。与前两者相比，ECSI模型增加了企业形象这一潜变量，表明企业形象会直接影响顾客满意和顾客忠诚，同时删减了顾客抱怨这一变量。该模型将感知质量拆分为对产品和服务质量的评判。

2.2.3　国内顾客满意度指数模型研究

我国的很多学者在瑞典顾客满意度指数（SCSB）、美国顾客满意度指数（ACSI）、欧洲顾客满意度指数（ECSI）等顾客满意度指数理论框架的基础上进行了一些改进。

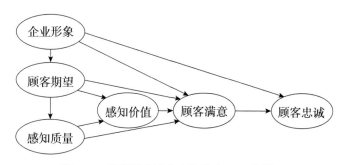

图2-3 欧洲顾客满意度指数（ECSI）模型

清华大学中国企业研究中心发布的中国顾客满意度指数（CCSI）模型（赵平，2003）是以ACSI模型和ECSI模型为基础，结合中国的国情去掉了顾客抱怨，增加企业形象变量。针对不同行业的特性，可分为不同的模型，包括耐用消费品模型、非耐用消费品模型、生活服务模型三类。

刘新燕等（2003）构建的顾客满意度指数模型，为改进的CCSI模型（见图2-4），包括企业形象、顾客期望、感知质量、感知价值、顾客满意、顾客信任、顾客承诺、顾客忠诚和若干质量因子。该模型继承了ACSI模型的一些核心概念和架构，如顾客期望、感知质量、顾客满意、顾客忠诚；同时也吸收了ECSI模型一些创新之处，如去掉了顾客抱怨，加入了企业形象。

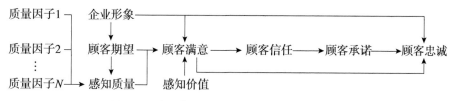

图2-4 改进的CCSI模型（刘新燕等，2003）

梁燕（2003）构建的我国顾客满意度指数模型（见图2-5）包括产品质量感知、服务质量感知、总体质量感知、价值感知、顾客满意、企业形象、顾客关系、顾客忠诚和顾客抱怨九个潜变量。在CCSI模型的基础上，梁燕的模型去掉了顾客期望这一潜变量，引入了顾客关系变量，认为可以考虑顾客抱怨对顾客忠诚的影响，并提出企业形象直接对顾客忠诚有影响。

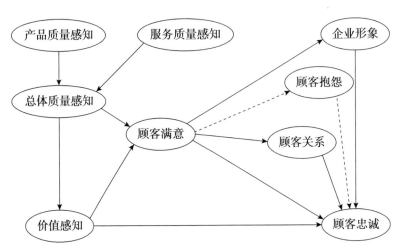

图2-5 梁燕（2003）构建的顾客满意度指数模型

2.3 AHP-模糊综合评价法

2.3.1 层次分析法

层次分析法（Analytic Hierarchy Process，AHP）是由美国著名运筹学家、匹兹堡大学教授托马斯·塞蒂（T.L.Saaty）于20世纪70年代提出的。它是一种结合定性分析和定量分析、简单而实用的方法。层次分析法可以处理多目标、多准则、多层次的复杂问题，是决策分析的一种方法（汪应洛，2008）。

（1）建立层次分析结构模型

运用层次分析法的第一步就是建立系统的结构模型，将复杂的问题分解为元素的组成部分。对于一般的系统，层次分析结构模型有三层：目标层、中间层、方案层。

（2）构造判断矩阵

设A层因素a_k与下一层次B中的因素B_1，B_2，…，B_n有联系，b_{ij}表示相对于上一层次因素a_k时，因素B_i对B_j的相对重要性。根据表2-1评级准则，采用1~9的相对比值构造判断矩阵及其处理表（见表2-2）。

表2-1   矩阵中各元素确定参考评级准则

重要性等级	比值
B_i 与 B_j 同等重要	1
B_i 比 B_j 稍微重要	3
B_i 比 B_j 明显重要	5
B_i 比 B_j 强烈重要	7
B_i 比 B_j 极其重要	9
2、4、6、8	两相邻判断的折中
倒数	B_j 与 B_i 的相对重要程度为上面的倒数

表2-2   判断矩阵及其处理

a_k	B_1	$\cdots$	$\cdots$	B_n	W_i^0	W_i
B_1	b_{11}	$\cdots$	$\cdots$	b_{1n}	W_1^0	W_1
$\vdots$	$\vdots$	$\cdots$	$\cdots$	$\vdots$	$\vdots$	$\vdots$
$\vdots$	$\vdots$	$\cdots$	$\cdots$	$\vdots$	$\vdots$	$\vdots$
B_n	b_{n1}	$\cdots$	$\cdots$	b_{nn}	W_n^0	W_n

（3）计算各指标的权重

①采用方根法来计算 B_i 对于 A 的相对权重 W_i^0,

$$W_i^0 = \sqrt[n]{\prod_{j=1}^{n} b_{ij}}, \ (i=1, \ 2, \ \cdots, \ n)$$

②对相对权重向量 $W^0 = (W_1^0, \ W_2^0, \ \cdots, \ W_n^0)$ 进行归一化处理,

$W_i = \dfrac{W_i^0}{\sum_{i=1}^{n} W_i^0}, \ (i=1, \ 2, \ \cdots, \ n)$, 得到相对应的特征向量即权重向量: $W=$

$(W_1, \ W_2, \ \cdots, \ W_n)_\circ$

（4）计算最大特征值

$$\lambda_{\max} = \frac{1}{n} \sum_{i=1}^{n} \frac{(BW)_i}{W_i}$$

（5）一致性检验

进行一致性检验，一致性指标$CI = \dfrac{\lambda_{\max} - n}{n - 1}$。

计算检验系数$CR = CI/RI$（平均随机一致性指标RI查表2-3），当$CR < 0.1$时，判断矩阵则具备较满意的一致性，否则需要重新调整判断矩阵。

表2-3　　　　　　　　　　平均随机一致性指标

n	1	2	3	4	5	6	7	8	9	10	11
RI	0	0	0.52	0.89	1.12	1.26	1.36	1.41	1.46	1.49	1.52

2.3.2　模糊综合评价

在利用层次分析法确定各因素指标的权重后，需要对不同单因素指标进行打分，并对各指标的评价结果进行综合。具体计算过程如下。

（1）指标值量化

将定性评价指标转化为量化数值，把收集到的信息转换成数据，设评价因素集为$U = \{U_1, U_2, \cdots, U_n\}$，因素评语集为$V = \{V_1, V_2, \cdots, V_n\}$。

（2）指标层单项因素打分

通过对指标体系的指标层进行因素分析，进行单项因素打分。

（3）计算准则层因素综合评价矩阵

结合指标层单项因素打分结果及各指标层因素的权重向量：$W_i = (w_{i1}, w_{i2}, \cdots, w_{in})$，计算得出准则层单因素评价向量：$B_i = W_i \cdot R_i = (b_{i1}, b_{i2}, \cdots, b_{in})$，再综合各指标层单因素评价向量，得出准则层因素综合评价矩阵：$R = (B_1, B_2, \cdots, B_n)^T = (b_{ij})_{k \times m}$。

（4）计算综合评价结果

通过准则层指标权重向量$W = (W_1, W_2, \cdots, W_k)$与准则层因素综合评价矩阵：$R = (B_1, B_2, \cdots, B_n)^T = (b_{ij})_{k \times m}$的合成运算，得到模糊综合评价矩阵：$B = W \cdot R = (b_1, b_2, \cdots, b_m)$，最后对应评语集计算出最终评价结果。

3 世界一线城市历史文化商业街区演化路径分析

3.1 引言

历史文化商业街区是一个城市文化特色和风采的名片，展示着城市的内涵。它是城市的缩影，见证了整座城市的兴衰与发展，保存着城市的历史印记。北京作为世界一线城市，在全球化与世界城市研究网络（Globalization and World Cities Research Network，GaWC）发布的 2020 年《世界城市名册》中入选世界一线城市，排在该名册的第六位。

作为首都中心的历史文化商业街区，北京前门街区在街区复兴与更新中，一直在寻找合适于自身特点的发展定位及路径，虽有成功的经验，但也有失败的教训，未能有效地发挥其应有的整体价值，离实现可持续发展还有差距。为了更有效地利用好历史文化商业街区这一重要的城市资产，探究影响历史文化商业街区发展的关键影响因素，是值得深入研究的课题。

3.2 文献回顾

通过查找历史街区相关的文献发现，国内有关历史街区的研究主要集中在街区演变与发展、街区文化传承、街区保护与复兴等领域，具体内容如表 3-1 所示。从已有研究来看，还未发现对世界一线城市历史文化商业街区演化路径及影响因素的研究。

表3-1　　　　　　　　　国内历史街区研究文献内容梳理

研究领域	研究视角及观点	代表性学者
街区演变与发展	存在"形成—发展—成熟—衰落—复兴"周期性演变、街区发展存在竞争与挑战、街区发展的驱动力	阮仪三等（2001）、唐玉生等（2016）、丁绍莲（2013）
街区改造	街区商业街的演变与改造考虑社会、文化、旅游等因素	李馥佳等（2018）、孟丹（2016）
街区文化传承	街区保护方式与非物质文化遗产传承环境具有共生性、文化内涵提升、文化创意产业	吕怡琦（2014）、王晓晓等（2020）、李云燕等（2018）、麦咏欣等（2021）
街区保护与复兴	开发现状、保护规划、保护更新模式	鲍黎丝（2014）、王河等（2019）、孙逊等（2014）
街区空间活力提升	交通系统、空间更新、活力评价	荣玥芳等（2020）、鲁仕维等（2021）、薛凯等（2020）
旅游开发	文化旅游、文化保护、保护性开发	梁学成（2020）、郭云娇等（2021）、郑锐洪等（2018）

3.3　研究设计

3.3.1　研究思路

本研究主要以北京前门街区的历史发展轨迹为依据，探索其演化过程中的关键作用因素。具体研究过程是根据研究对象的历史发展情况，首先进行基于扎根理论的多级编码，通过在没有假设的前提下对收集的历史文化商业街区的一、二手资料进行归纳总结、提炼，寻找能反映真实情况的概念，然后进一步探索概念间的关联，挖掘北京前门街区演化过程中的影响因素，并将北京前门街区的演化影响因素进行梳理；其次使用断代法[①]将前

———————

① 以时代发展的标准划分段落。

门大街及大栅栏商业街演化过程划分为四个时期（中华人民共和国成立前、中华人民共和国成立—改革开放、改革开放—2008年、2008年至今），将北京坊演化过程分为三个时期（形成前期、形成期、发展期），总结归纳历史文化商业街区演化过程中呈现的特征，探索影响历史文化商业街区演化的关键因素。

3.3.2 研究方法

1.案例研究法

本研究结合北京前门街区的特色和现状采取案例研究的方法。选择一个或几个场景为对象，系统地收集数据和资料，进行深入研究。案例研究法不仅可以展现研究理论，还可以真实地展现研究现状。由于研究课题属于历史文化商业街区演化路径的比较分析，适合采用多个案例进行研究，可以更加全面、更多层次地提高本课题的研究价值。

2.多级编码

本书运用扎根理论①对所收集的历史文化商业街区的发展大事记进行整合梳理。基于开放编码—主轴编码—选择性编码的编码技术，对街区的历史发展轨迹进行梳理，并进行独立编码；然后，再对编码结果进行一一核校和讨论，最终归纳出历史文化商业街区发展的影响因素。

3.4 样本选择

本研究选取前门大街、大栅栏商业街和北京坊作为研究对象。前门大街位于京城中轴线上，是北京著名的商业街之一。大栅栏商业街位于前门大街的西侧，具有深厚的文化底蕴和历史氛围。北京坊位于北京城市中央，不同于一般的商业购物中心，其定位为"中国式生活体验区"。

本次研究选取研究对象的考虑有三：一是前门大街、大栅栏商业街和北

---

① 扎根理论由 Strauss 和 Glaser 在20世纪60年代提出，是质化研究中应用较为广泛的方法。

京坊处于同一历史文化商业街区，三者在地理位置上紧密相接，政策、经济、社会背景相似，便于实地收集信息；二是三条商业街地处世界一线城市，符合本次研究的选题；三是虽然前门大街、大栅栏商业街和北京坊处在同一个区域，但三者发展路径并不相同，具有可对比性，有利于本研究从不同角度研究案例并得出结论。多个案例分析得出的结论会有说服力。

通过对三个样本的演化过程进行梳理，探讨不同演化时期所呈现的特征，总结归纳各时期的关键影响因素，并在此基础上进行比较研究，分析关键因素发挥的作用，以及关键因素如何对历史文化商业街区演化产生影响，从而对历史文化商业街区未来的发展提供参考。

3.5 世界一线城市历史文化商业街区演化过程

3.5.1 前门大街演化影响因素范畴提炼

1.开放编码

开放编码是通过对大量资料的收集与分析，将资料进行整理排序，并进行概念化归纳和处理的过程。在此过程中，收集的资料范围逐渐缩小。

前门大街演化影响因素的研究将所有一、二手资料进行整理排序（用"F+序号"形式标注），剔除重复或前后矛盾的信息，最终提炼出37条初始概念（用"a+序号"形式标注），本部分列举了原始资料和初始概念的提炼过程（见表3-2）。之后将37条初始概念进行比较、合并，最终提取出8个范畴（用"A+序号"形式标注），具体如表3-3所示。

表3-2　　　　　前门大街原始资料和初始概念提炼过程

事件	初始概念
忽必烈为巩固自身统治，重新建立都城，元大都南城正中间的门被称为丽正门，其所在地就是现在的前门大街，当年曾是皇帝和文武百官进出城的必经之路，这就是前门大街的雏形（F1）	优越的地理位置（a1）

续表

事件	初始概念
伴随着朝代更迭，元灭明起，封建统治者对城墙进行修整，正式确定了丽正门的地理位置，前门大街也随之得到确立。前门大街这条主街道的确立带动了周边街区的形成，明中期出现了猪（珠）市口、鲜鱼口等市集街区，前门大街的经营范围也开始呈现多样化，会馆、茶馆等娱乐场所兴起，呈现出热闹的景象，同时标志着前门商业街的正式形成（F2）	地理位置（a2）
随着时间推移和经济的发展，前门大街日渐繁华，经营类型也逐渐多样化，除茶馆、餐馆以外，戏院、茶园等也逐渐占领前门大街。猪（珠）市口、鲜鱼口等市集街区经营类型得到补充和发展，前门大街从之前的席棚逐渐改建成砖木结构的正式商业建筑。（F3）绝大部分的老字号在这一时期涌入前门大街，如全聚德烤鸭店、永安堂药铺、都一处烧麦馆、一条龙羊肉馆等。到了清末，前门大街已有夜市出现（F4）	经营类型逐渐多样化（a3） 老字号特色文化涌上街头（a4）
1900年义和团放火烧了前门大街店铺。这场大火蔓延到周围街巷，就连前门箭楼和城楼都无一幸免。大街两侧的重建花费了十年时间才得以完成（F5）	政权斗争导致街区受损（a5）
改革开放以后，北京市作为全国政治文化中心，城市发展加快，前门大街的发展逐渐落后于北京市的发展。前门大街充斥着小商小贩，这在经济快速发展的时期显得格格不入和落后，同时，北京市其他特色商业街区的发展对前门大街的发展带来了冲击（F6）	首都城市发展带动街区进步（a6）
北京市人民政府批准了《前门地区修缮整治总体规划方案》，准备对前门大街实行整改计划。2003年1月25日，原北京市规划委员会、崇文区（现东城区）人民政府共同举行了"北京市前门地区保护、整治与发展（国际）规划设计方案征集暨新闻发布会"，标志着前门大街改造项目的全面展开。经过国际竞赛和多次专家论证，提出了保护与发展并举，除部分文保建筑修缮保留外，以清末民初前门大街最鼎盛时期的风貌为基本元素，结合现代商业和现行法规、规范进行全面改造，将传统与现代、文化与商业、城市与建筑、开发与人文和谐统一进行改造（F7）	政策引领前门大街改造（a7）
2003年一份最大规模也是最"彻底"的修缮方案诞生：按照清末民初时期的风貌复兴，修缮后的前门大街将成为商业步行街。两年后，前门修缮整治项目全面启动解危排险搬迁，崇文区人民政府仅用了半年时间就完成了全部搬迁任务（F8）	政府支持前门修缮整治项目（a8）

续表

事件	初始概念
2007年7月，清华大学建筑学院和清华大学建筑与城市研究所联合编制了宣武区（现西城区）大栅栏煤市街以东地区城市设计控制性详细规划——《北京前门大栅栏地区保护、整治、复兴规划》的说明书。这份规划说明书提出，规划以科学保护历史街区，局部合理有机更新，激发传统商业活力，提高空间环境品质为目标（F9）	政府各项举措激发商业活力（a9）
2007年，SOHO中国以54亿元的价格取得前门大街开发权，潘石屹个人全资拥有的丹石公司注资1.441亿元购入北京天街置业49%的股份，并将其中33块土地全部权益收入囊中，其余11块土地则需要通过"招拍挂"公开取得。得到潘石屹的资金注入后，前门改造项目迅速推进，同时SOHO中国也获得了招商代理权（F10）	政企合作支持前门改造项目推进（a10）
崇文区人民政府开出了对于中华老字号在前门大街上留存数量的最后底线：20%。为帮助解决租金问题，崇文区人民政府开出了针对老字号的优惠政策：每年提供1000万元扶持专项资金，负责开发的SOHO中国每年投资2000万元（F11）	政府启动街区复兴扶持专项资金（a11）
2008年1月，SOHO中国进入前门大街遭到了反对。北京市土地整理储备中心给出的解释：前门地块涉及文物保护等问题，市政规划有所调整，因此前门地块原先的入市计划取消了。前门大街的整改又步入瓶颈（F12）	政策支持前门文化保护（a12）
借着2008年北京奥运会的契机，原北京市规划委员会及崇文区人民政府决定改善前门大街的萧条没落，提高整个前门地区的经济活力，对其进行系统的、详尽的改造。邀请16位专家花费4年时间对方案先后进行32次评议、论证和修改，将新前门大街呈现在大众眼前（F13）	政府鼓励支持前门地区经济活力（a13）
通过举办前门历史文化节、上元灯会等一系列活动，提高前门区域的区域影响力和文化影响力。同时在前门区域着力建设具有民族品牌的商业步行街，确保民族品牌占有率达70%以上。2009年被评为"中国著名商业街"（F14）	民族文化特色助力街区复兴（a14）
2009年9月，崇文区人民政府工作人员曾表示："老字号加国际一线品牌的中西合璧发展思路，将是前门大街招商的主流方向。"但这样的"东西合璧"并没能证明它的正确性——国内外大服装品牌难以体现北京特色，经济实力并不强劲的老字号只能在租金重负下艰难生存。管理者不得不重新思索前门大街的改造路径（F15）	政府部门积极探索改造路径（a15）

续表

事件	初始概念
2010年前门地区建设取得重大成果，累计投入130多亿元，搬迁居民近1.7万户、企业534家。这是近600年来前门地区最全面、最彻底的修缮整治工程，也是中华人民共和国成立以来北京市最大的历史文化保护工程。前门大街被称为"中国著名商业街"。同年9月28日，成功举办了第一届前门历史文化节，使古都文化得以有效传承，实现了新东城的精彩亮相（F16）	政府支持修缮整治工程（a16）
2010年前后，由于前门大街客流量没有想象中大，且店面租金昂贵，很多商铺在租约到期后撤离，老字号小吃竟全部撤出，前门大街迎来第一波撤店潮。为了填补空置的店面，急需吸引品牌的前门大街宣布引进服装行业，美特斯邦威、森马、李宁、361°等服装品牌入驻（F17）	经营战略调整（a17）
2010年，原崇文区与原东城区合并，前门大街及其以东地区随之进入新东城区，前门地区被新东城定位为"北京历史文化展示区"。从此，前门大街的改造更强调对历史文化的传承和保护（F18）	政府强调街区传承和保护（a18）
2012年年底，受电商冲击，服装业陷入大库存、零售疲软的窘境，为缓解资金压力，李宁、森马、劲霸男装、ONLY、Jack&Jones等多个品牌相继撤离，店铺空置率近三成。为了招商，SOHO中国骤降租金，却依然有大量店铺闲置（F19）	受电商冲击，前门大街进入瓶颈（a19）
为尽快解决前门大街经营权问题，SOHO中国拉来专业面向中国商业地产的经营管理机构——盈石资产管理有限公司，合资成立了盈石搜候（上海）有限公司，双方各持50%股份，盈石搜候有限公司负责前门大街SOHO持有物业的招商和运营。挖掘前门项目商业价值最大化（F20）	企业合作助力街区运营发展（a20）
2013年，前门大街再次宣布转型为文化体验商区，按照北、中、南三段式布局，划分为"文化旅游体验区""文化创意体验区"和"城市生活体验区"。打造不同体验区，整体呈现文化特色又不失区域个性化，符合各阶段消费者需求。北段包含前门大街北段、鲜鱼口街及以北区域，突出"逛前门、看北京、体验中国游"的文化旅游体验，主打品牌体验馆，展现品牌背后故事。中段引入四合院里的主题咖啡、简餐、书吧、艺术画廊等。南段引入家居生活馆、高端早教机构、主题氛围餐厅等，主要吸引本地品质消费人群（F21）	街区文化创新，打造不同体验区（a21）

事件	初始概念
红星二锅头博物馆、广誉远国医馆、非遗体验中心、姚慧芬苏绣艺术馆、中国篆刻艺术馆、辑萃苑（非遗精品展售）、朱炳仁铜雕、亮相传媒（主要传播京剧文化）、京城记（微缩北京展示）等文化体验项目陆续进入，20余家原有商户升级改造，十多家低端旅游工艺品、旅游食品商户搬离。此次改造中，一些非遗展示销售店铺进入前门大街，为日后前门的"非遗化"埋下了伏笔（F22）	非遗文化融合（a22）
2014年前后，前门大街又提出"国际化体验式消费"，引入了许多国际品牌。近年来，故宫文创"出宫"制造了多个网红产品，成功和年青一代产生情感连接（F23）	引入国际品牌文化，创新时尚元素（a23）
前门大街人口疏解工作进行了4年之久，按照西城区住建委的批复（西建发〔2011〕25号），采取货币补偿和房源安置两种方式供愿意腾退的居民自由选择，此后补偿标准不变，确保腾退前后标准统一。截至2014年12月，项目共完成腾退640户，疏解人口约1800人，占片区总人口的30%左右，走在北京市旧城保护试点项目的前列。为前门大街改造作出巨大贡献（F24）	政策引领，疏解街区居民（a24）
2014年，前门大街管委会主任葛俊凯接受《法制晚报》采访时称，将重新规划前门大街，吸引北段旅游人群向南段深度游。在建的地铁7号线上的珠市口站正位于前门大街最南端，将为南段带来客流。如今珠市口站启用已久，南段仍然冷清。与久负盛名的鲜鱼口和大栅栏相比，南段几乎没有能够吸引游客的商业集群，无法起到导流的效果（F25）	重新规划前门大街，区域划分（a25）
2015年6月，新修订完成的《北京市非物质文化遗产保护专项资金管理办法》正式颁布，其中扩大了补贴范围，加大了资金支持力度。2015年7月，已有来自国内外的200多个非遗项目确定进驻非遗博览园，要把这一区域变成"文化的硅谷、非遗的孵化基地"。负责人李永军表示，非遗博览园将国内外具有代表性的非物质文化遗产汇聚于此，着力打造集文化旅游、演艺、会展于一身的文化产业集群。漆雕、铜雕、苏绣、陶瓷、唐卡等一批中国非物质文化遗产传人率先入驻非遗博览园，还要引进国际上最具代表性的非物质文化遗产项目（F26）	引入非遗项目，支持文化创新（a26）

续表

事件	初始概念
2015年北京天街集团合资成立北京东方华韵文化产业发展有限公司，负责运营非遗博览园，园内包含一街（中国非遗大街，即前门大街），两核（非遗大戏院、非遗博览馆），三区（非遗博览区、非遗体验区、非遗创意区）。永新华韵文化产业集团董事长李永军称，要把这一区域变成"文化的硅谷、非遗的孵化基地"（F27）	运营模式创新（a27）
北京市西城区高度重视保护传承文化遗产，延续城市历史文脉，塑造城市特色风貌。2016年启动了《大栅栏历史文化街区风貌保护管控导则》的编制工作，该导则以保护和延续传统风貌为目的，针对街区典型问题做出技术引导和技术管理（F28）	政策高度重视保护传承文化遗产（a28）
2017年又启动了《大栅栏街区整理计划》编制工作。目前，由各领域专家参与的编制工作已经形成了街道整体层面的初步方案，正在进一步、更广泛地征求各方专家和地区居民的意见。在编制计划中，北京市明确大栅栏历史文化街区的整体定位：将《北京城市总体规划（2016年—2035年）》新要求与大栅栏历史文化街区相结合，对接《首都功能核心区控制性详细规划（街区层面）（2018年—2035年）》编制，实现文化彰显、风貌延续、活力创新、环境优美、公众参与的文化精华区典型代表（F29）	政策支持街区活力创新（a29）
2017年9月出台的《北京城市总体规划（2016年—2035年）》，提出保护传统中轴线、恢复历史河湖水系等要求："以历史文化街区为依托，打造文化魅力场所、文化精品路线、文化精华地区相结合的文化景观网络，将老城建设成为承载中华优秀传统文化的代表地区"（F30）	政府支持老城建设（a30）
2019年11月，北京前门大街举办了以"百年记忆·前门今昔"为主题的前门历史文化展。游客不仅可以感受到别具特色的北京方言，还能见到不少精细的老物件，有盛锡福的帕帽、清光绪十二年月盛斋进宫的"腰牌"、精致的戏剧服装等，不少游客表示此次文化展让大家感受到浓浓的北京味儿，也让更多的人了解了北京文化（F31）	创新区域文化特色（a31）
2020年"五一"小长假期间，前门商业区建设运营主体天街集团组织全体老字号在内的前门品牌商户，推出前门文旅惠民体验周系列主题促销活动。"打卡"京味儿文旅线路，北京前门大街单日客流回升至3万人次（F32）	政企联合支持文化创新活动（a32）

续表

事件	初始概念
打造前门地区"一轴一街一带,一廊五区"。一轴:前门大街,落实中轴线申遗保护要求,加强风貌整治,彰显遗产文化特色,讲好前门故事;加强前门大街公共空间品质提升和业态升级引导,提升商业活力,推动消费升级。一街:特色商业街,延续鲜鱼口—兴隆街历史脉络,以休闲、生活服务为核心,重塑地区市井文化特色,增加东西向功能连续性。一带:三里河生态景观带,推进三里河公园公共空间提升向两侧平房区延伸,整体提升生态景观品质、注入文化内容、丰富空间活力。一廊:西打磨厂,文化探访创意廊。五区:五个配套功能分区,以"老胡同,现代生活"为目标,统筹推进产业发展、民生改善和社区共治等工作(F33)	创新发展理念,统筹发展街区(a33)
前门地区将持续推动实现前门商圈文化复兴。打造"京味儿文化体验式消费街区",落实工程建设、环境提升、业态升级、运营管理、交通组织、智慧街区、宣传推广、资金测算八个方面26项具体任务,到2025年全面完成前门地区改造提升任务,全面复兴前门文化,全面实现前门商圈的持续繁荣,把前门商圈建设成为品牌影响显著、文化经济繁荣、功能配套完善、机制运转协调、园区智慧和谐的传世文化作品和国际一流历史文化商业街区。落实一批重点文化项目,全力推进北京地下城等文化项目建设,打造前门文化探访路,发布前门老字号地图,推出"始于前门"老字号展,努力打造彰显古都风范、促进文化交流、引领文化消费的京城文化地标(F34)	注重街区文化复兴(a34)
作为第四届京菜美食文化节的首场展卖活动,2020年9月8日至15日,大董、全聚德、御仙都、东来顺、局气、茶汤李、护国寺小吃等30多家京菜品牌企业集中在前门大街开展技艺展示、美食品鉴、星厨达人分享饮食文化典故等活动,让消费者一站式体验京菜美食(F35)	创新活动方式,传递文化特色(a35)
2020年5月19日是中国旅游日,为贯彻落实《北京市生活垃圾管理条例》的要求,深入推进垃圾分类减量化、资源化、无害化处理,天街集团在前门大街举行"垃圾科学分类 爱与文明同行"主题活动,宣传垃圾分类知识,引导游客文明出行,保护生态环境(F36)	坚持政策引领开展活动(a36)
2021年,根据中华人民共和国旅游行业标准《旅游休闲街区等级划分》(LB/T 082-2021),按照《文化和旅游部办公厅 国家发展改革委办公厅关于开展国家级旅游休闲街区认定工作的通知》安排,经评审,北京市东城区前门大街为首批国家级旅游休闲街区之一(F37)	政策引领(a37)

资料来源:作者根据一、二手资料整理,下同。

表3-3 前门大街开放编码形成的初始概念及范畴

编码	对应范畴	初始概念
A1	地理位置优越	优越的地理位置（a1）；地理位置（a2）；首都城市发展带动街区进步（a6）
A2	政策引领	政权斗争导致街区受损（a5）；政策引领前门大街改造（a7）；政策支持前门文化保护（a12）；政策引领，疏解街区居民（a24）；坚持政策引领开展活动（a36）；政策引领（a37）
A3	政府鼓励街区复兴	政府支持前门修缮整治项目（a8）；政府各项举措激发商业活力（a9）；政企合作支持前门改造项目推进（a10）；政府启动街区复兴扶持专项资金（a11）；政府鼓励支持前门地区经济活力（a13）；政府部门积极探索改造路径（a15）；政府支持修缮整治工程（a16）；政府强调街区传承和保护（a18）；重新规划前门大街，区域划分（a25）；政策高度重视保护传承文化遗产（a28）；政策支持街区活力创新（a29）；政府支持老城建设（a30）
A4	文化助力街区复兴	老字号特色文化涌上街头（a4）；民族文化特色助力街区复兴（a14）；非遗文化融合（a22）
A5	多元文化创新	街区文化创新，打造不同体验区（a21）；引入国际品牌文化，创新时尚元素（a23）；创新区域文化特色（a31）
A6	经营方式创新	经营类型逐渐多样化（a3）；经营战略调整（a17）；受电商冲击，前门大街进入瓶颈（a19）；企业合作助力街区运营发展（a20）；创新发展理念，统筹发展街区（a33）
A7	文化创新	引入非遗项目，支持文化创新（a26）；注重街区文化复兴（a34）；创新活动方式，传递文化特色（a35）
A8	运营方式创新	运营模式创新（a27）；政企联合支持文化创新活动（a32）

2.主轴编码

主轴编码旨在将开放编码中各范畴联系起来，探究相对独立的范畴间的逻辑关系。本书将前门大街开放编码中获得的8个范畴进行关联，归结4个主范畴，分别为区位优势、政府行为、多元文化、创新能力（见表3-4）。

表3-4　　　　　　　　前门大街主轴编码形成的主范畴及其内涵

主范畴	对应范畴	主范畴的内涵
区位优势	地理位置优越	前门大街地理位置优越，位于北京中轴线上，带动前门大街经济、交通方式的发展，使得前门大街推陈出新，为街区带来许多客流
政府行为	政策引领	随着城市的发展，政府逐步意识到历史文化商业街区是城市经营的一笔宝贵财富，并开始成为历史文化商业街区的演进的重要影响因素
	政府鼓励街区复兴	
多元文化	文化助力街区复兴	前门大街有着历史悠久的老字号文化和不断引入的多元文化，至今成为传统文化的传承和多元文化的发扬之地
	多元文化创新	
创新能力	经营方式创新	创新能力成为推动前门大街发展的核心动力，前门大街致力于更新经营方式、多元文化等，助力前门大街发展
	文化创新	
	运营方式创新	

根据上述扎根理论的分析，可以看出影响前门大街演化的主要因素包含区位优势、政府行为、多元文化、创新能力。

3.5.2　前门大街各时期演化特征分析

唐玉生等（2016）在研究西部地区的历史商业街区演化路径时将样本演化时期分为"形成—发展—兴旺"进行研究。张颖异、柳肃（2013）以长沙市晏家塘小古道巷为例，将研究对象的发展演化大致划分为"形成—发展—鼎盛—衰落"四个阶段。丁绍莲（2013）在以中山市孙文西路为例，探讨历史商业街区的演变及其启示时指出，传统商业街区呈现出"形成—发展—成熟—衰落—复兴"的周期性演变特征。根据三位学者的研究可以发现，他们所提出的演化路径均有一定的周期性。

由于研究对象历史发展的时间跨度长，在发展过程中经历过不同程度的衰退和改造，所以本书采用断代法，按时间轴划分为不同时期：中华人民共和国成立前、中华人民共和国成立—改革开放、改革开放—2008年、2008年至今，真实反映世界一线城市商业街的演化路径。

前门大街彰显着北京的地域特色，是北京城市历史的活教材和城市传统特色文化的呈现之地。前门大街从元代发展至今，在岁月的洗礼下饱经风霜，是一块"活着的瑰宝"。根据查找到的资料和相关文献，按不同时期划分演化路径的各阶段并归纳前门大街历史发展脉络，梳理前门大街在不同演化时期的特征（见表3-5）。

表3-5　　　　　　　　　前门大街不同演化时期的特征

时期	中华人民共和国成立前	中华人民共和国成立—改革开放	改革开放—2008年	2008年至今
经营方式	①大街两侧街道集市，既有流动摊位，也有固定摊位；②个体经营西方商品	①1956年工商业社会主义改造后，转为国有化；②街面被小商小贩充斥，变成了杂货转运市场	①前门大街开始整改为商业街，所有流动摊位全部整改成为门店；②打造民族品牌的商业步行街	①合伙经营方式着力打造文化产业集群；②建设非遗园，引入非遗项目
经营范围	外国商品店铺和杂货店和休闲娱乐的会馆，呈沿街条状	西洋气息的老字号店铺、特色茶馆、小吃店	老字号品牌门店、国际品牌店铺、纪念品商店	非遗展示销售店铺和文化体验店铺
经营特色	带有浓厚的市井特色，体现北京特色	北京特色文化体验店和小吃店	北京特色文化与国际元素发扬与融合	打造多重文化精品路线、非遗体验区
街区功能	居住功能转向商业功能	商业职能逐渐成为主导，开始出现旅游功能	旅游职能不断发展	旅游职能不断优化，非遗文化传承体验街区
关键影响因素	区位优势	区位优势、政府行为	区位优势、政府行为、多元文化	区位优势、政府行为、多元文化、创新能力

3.5.3　大栅栏商业街演化影响因素范畴提炼

1.开放编码

大栅栏商业街的演化路径中影响因素研究将所有一、二手资料进行整理排序（用"F+序号"形式标注），剔除重复或前后矛盾的信息，最终提炼出57条初始概念（用"a+序号"形式标注），本部分列举了原始资料和初始概念的提炼过程（见表3-6）。之后将57条初始概念进行比较、合并，最终提取出11个范畴（用"A+序号"形式标注），具体如表3-7所示。

表3-6　　　　大栅栏商业街原始资料和初始概念提炼过程

事件	初始概念
元朝时期的正阳门作为皇帝和文武百官进出朝堂的必经之地，其周围逐渐出现了小商贩的简易席棚商铺，来往行人开始增长，逐渐具备了商业街的雏形（F1）	地理位置优越（a1）
随着明王朝的建立，明成祖在元大都的基础上建造紫禁城，整个城市因南城墙南移也随之南移，原先地处城外郊区的大栅栏地区被归为内城的一部分。随着时间推移，在斜街和正阳门之间出现更多商铺，经营内容逐渐多样化，正式成为一条商业街（F2）	地理位置优越促进发展（a2）
在清朝，流行着这样一句话："没到过大栅栏，就等于没到过北京城。"大栅栏商业街在清朝时期已经成为北京最繁华的商业街。另外，大栅栏商业街还是京剧文化的荟萃之地，是文人雅士和官方人士消遣和娱乐的地方。很多中华老字号店铺涌入大栅栏商业街，如全聚德、瑞蚨祥、同仁堂、内联升等，为其增添文化色彩，成为最繁华的商业街（F3）	老字号文化出现（a3）
京奉火车站、京汉火车站的建立，为大栅栏商业街的发展带来了新的动力，随着客流量的增多，旅馆业也逐渐兴旺起来。（F4）随着中西文化的碰撞，大栅栏商业街也开始注入西洋文化，建筑风格也体现出西洋化，出现了许多中西合璧的店铺。电影也开始流行起来，北京第一所电影院——大观楼影院也在大栅栏商业街内建成。大栅栏商业街成为老少皆宜、各阶层的人群都热爱的商业街，24小时人流络绎不绝，鼎盛时期，不仅是京城的商业中心，还是娱乐消费中心。成为北京城商业街的"名片"（F5）	交通发展为街区带来新动力（a4）经营内容增加，吸引更多客流（a5）

事件	初始概念
大栅栏商业街在京城的商业地位逐渐确立。1915年，商户集体投资铺设了北京市内第一条沥青马路。此时，街内的商铺竞争日渐激烈，商家各自修建门脸希望吸引更多的顾客，具有西洋气息的瑞蚨祥、祥义号店铺出现在街中，形成了大栅栏商业街独特的建筑风貌（F6）	引入多元化文化因素，形成独特的风格（a6）
大栅栏商业街开始完善基础设施，将前三门护城河改成暗河，形成西河后沿街，改造街区内厕所，取消户厕，修建街坊式水冲厕所；为街道居民和来往游客提供便捷服务（F7）	街区改造升级，为居民带来便利（a7）
民国末年，袁世凯担任大总统，曹锟部下哗变，散兵游勇在大栅栏地区放火抢劫，该街区大部分店铺被洗劫一空。当民国政府南迁后，该地区的商家、官员、士绅等随之离去，大栅栏商业街的商业逐渐衰落（F8）	政治斗争对街区造成破坏（a8）
工业优先政策使得大栅栏商业街的发展止步不前并开始走向下坡路。直到改革开放时期，政府认识到老字号和文化特色的重要性，开始发展大栅栏商业街。但随着北京地区经济的发展和西单、王府井等商圈的迅速崛起，大栅栏商业街出现了迷茫期（F9）	政府支持街区发展复兴（a9）
改革开放后，大栅栏商业街在北京的商业地位日渐式微，此时的大栅栏商业街充斥着小商小贩，他们从各地进来低劣而廉价的货品，用土话叫卖，这些商贩的风头甚至压过许多老字号。为了扭转这种局面及评选"北京第一步行街"，大栅栏商业街开始第二次路面修整和环境整治（F10）	政府鼓励进行街区修整和环境整治（a10）
1990年4月北京市政府提出的"危旧房改造"计划，要求"加快危旧房改造，尽快解决人民群众住房问题"。虽然该计划是20世纪80年代"危房改造"的延续，但是将范围从"危房"扩大到"危旧房"，改造范围和规模的扩大不可避免地带来改造性质的变化（F11）	政府提出新举措改造街区（a11）
北京市开始对大栅栏商业街进行修整，提出了《北京前门大栅栏地区保护、整治、复兴规划》，目标定位为打造集文化、商业、旅游于一体的特色步行街（F12）	政府提出治理条例（a12）

事件	初始概念
2006版《北京中心城控制性详细规划》的出台，使老城规划建设提到了前所未有的高度——"北京中心城一号片区"。其中特别编制的《旧城规划》，要求"减人口、减高度、减规模、减道路、完善基础设施"的核心思路，另又编制《北京大栅栏煤市街以西及东琉璃厂地区保护、整治、复兴规划》控制性详细规划，指导大栅栏商业街区的整改（F13）	编制管理条例，保障街区复兴（a13）
《北京市"十一五"时期历史文化名城保护规划》中指出，大栅栏历史文化保护区要充分发挥传统文化和商业对于该地区整体保护、整治、复兴的积极作用。大栅栏地区将定位确定为"中央商务休闲区"，并进一步明确了大栅栏地区的改造开发的产业选择、空间设计、招商策略、模式与政策设计，同时对地区经济增长进行了预测（F14）	政府设计改造条例，明确改造内容（a14）
2011年大栅栏地区保护复兴实施主体——大栅栏投资有限责任公司启动"大栅栏更新计划"，结合城市规划、建筑、艺术、历史、文化等多元跨界，探索地区更新改造新模式。邀请规划师、设计师等在大栅栏地区开展建筑空间探索、街巷风貌保护等试点项目，实现"在地居民商家合作共建、社会资源共同参与"的主动改造（F15）	多方合作，社会资源共同参与（a15）
2010年启动了杨梅竹斜街的保护修缮项目，首创性地提出了城市有机更新、软性生长的模式，引领跨界复兴与公众参与活化老街区的先锋示范（F16）	政府启动街区修缮项目（a16）
"大栅栏更新计划"启动，为避免继续出现之前改造中的问题，此次对大栅栏的改造模式由"成片整体搬迁、重新规划建设"的刚性方式，转变为"区域系统考虑、微循环有机更新"的软性规则，将"单一主体实施全部区域改造"的被动状态，化为"在地居民商家合作共建、社会资源共同参与"的主动改造前景（F17）	"大栅栏更新计划"启动，资源合理优化（a17）
自2011年起，北京大栅栏投资有限责任公司与北京设计周合作举办了"大栅栏新街景"设计之旅，邀请中外优秀的设计和艺术创意项目进驻老街区，成功地让设计走进大栅栏地区，老街区与新设计的融合碰撞使游客在走街串巷中感受老街独特魅力的同时，也为历史文化街区的更新活化提供了新思路——在尊重老街区肌理的前提下，探索老房子新利用，通过设计的力量引入新业态（F18）	创新街区艺术（a18）

事件	初始概念
2013年，大栅栏地区跨界中心联合北京国际设计周推出了一个名为"大栅栏领航员"的试点计划，通过设计征集的方式尝试解决在区域改造过程中的一系列公众难题，比如邀请建筑师将一些已经腾退出的空间作为试点，做成样板间。促进大栅栏开展多项特色活动（F19）	创新文化特色，开展多项特色活动（a19）
2011年《北京市"十二五"时期历史文化名城保护建设规划》中指出，将大栅栏地区治理作为"十二五"时期的实施重点之一。2014年，习近平总书记视察北京时指出，首都规划务必坚持以人为本。地区落实编制"北京大栅栏珠粮街区改造提升项目"（F20）	大栅栏地区治理作为"十二五"时期的实施重点之一（a20）
北京国际设计周联合大栅栏开展了80多个展览。在一个星期的时间里，建筑师、设计师、艺术家来到大栅栏，激活社区。北京国际设计周很大程度上促进了大栅栏地区尤其是杨梅竹斜街的复兴，有超过十个设计群体进入长期的胡同保护改造，成为胡同复兴的星星之火（F21）	引进文化艺术活动（a21）
2016年《西城区"十三五"时期历史文化名城保护规划》中指出，大栅栏地区要继续采用"居民自愿、平等协商、整院腾退、外迁平移"的方式，推进民生改善和功能疏解（F22）	政府行为街区整治（a22）
2016年年底大栅栏商业街开始进入纵深片区式城市更新改造实施阶段，北京大栅栏投资有限责任公司正式启动了大栅栏街区历史文化名城保护示范区（以下称大栅栏文保区）项目。公司按照"保护、挖掘、利用、提升"的理念，开展探索并实践老城保护的创新模式，进行改造与更新，使区域焕发生机，使大栅栏文保区成为新形势下破解旧城风貌保护难题的重要实践，也为未来整个大栅栏区域的更新与复兴探索具备参照价值的更新模式（F23）	政企合作帮助街区文化传承创新（a23）
2017年习近平总书记再次视察北京，指出要疏解北京非首都功能，解决北京的"大城市病"。为落实习近平总书记要求，同年北京市启动"疏解整治促提升"专项行动。伴随着《首都核心区背街小巷环境整治提升三年（2017—2019年）行动方案》发布，市委、市政府下定决心，要以绣花般的精细功夫，完成大栅栏商业街的环境整治提升。（F24）规划目标是将地区建设成为"琉璃厂—大栅栏—前门东"文化精华区的典型代表。通过街区整理、街巷诊断，发现地区存在的问题（F25）	紧跟政策引领，疏解首都功能（a24）政府支持街区环境整治提升（a25）

事件	初始概念
2018年5月20日，"古城绿意"走进"大栅栏"活动启动，通过主题沙龙及展览参观的形式，交流"古城绿意"研究小组、"胡同花草堂"的部分研究与实践成果。活动邀请了来自大栅栏街道三井社区、北京大栅栏投资有限责任公司、北京林业大学园林学院、无界景观胡同花草堂的主讲人以及胡同植物种植达人，从多个角度针对"最美小微空间"主题进行交流与互动，探讨胡同和庭院适宜的植物材料，寻找更加合理的为古城增绿添彩的方法（F26）	构建绿色生态环境，开展生态创新（a26）
2018年7月22日，2018大栅栏生活节的ttg拉杆箱市集延续"旅行列车"的形式，配合2018大栅栏生活节，将融合艺术、文化、音乐的小火车开进大栅栏，为老城居民带来全新气象，也为都市里渴望自由的年轻人打造一种沉浸式的市集体验（F27）	创新艺术活动开展方式（a27）
2018年9月，大栅栏社区图书馆开始对外开放，该图书馆位于北京前门大栅栏社区三井胡同，由前后四间老房及其庭院改造而成，占地面积80余平方米，内部空间设计为多功能阅览区、放映区以及社区菜园，馆藏书籍5000余册。秉承主办方（北京大栅栏投资有限责任公司、PageOne书店）的文化基因，大栅栏社区图书馆开馆后将不定期举办面向附近居民的文化主题活动，希望成为社区的公益文化便利店（F28）	创新文化主题活动，服务社区（a28）
2018年11月27日，北京日报社联合市城管委、首都精神文明办、团市委等单位发起的"我家街巷最好看"系列活动之"北京最美街巷"推选结果出炉。据悉，此次评选在"周末大扫除""我家街巷最好看·随手拍""北京最美街巷"三项活动的推动下，经过为期十天的网络投票及专家评审环节后，推出十条"北京最美街巷"及十条"入围奖"街巷。杨梅竹斜街成为十条"北京最美街巷"之一（F29）	政府支持文化活动的开展（a29）
2018年12月27日下午，"2018—2019北京国际设计周年度沟通会暨新消费环境下传统商业转型升级趋势研讨会"在北京红桥市场召开。研讨会现场就2018年北京国际设计周49个分会场的专题园区进行了评选。经过公众投票、媒体投票，设计周组委会最终评出分会场的奖项有最佳影响力分会场、最佳人气分会场、最佳组织分会场、最佳视觉分会场、最佳潜力分会场、最佳创意活动分会场。大栅栏商业街摘得最佳影响力分会场桂冠（F30）	积极参与社会活动，提高街区影响力（a30）

事件	初始概念
2019年2月1日，农历腊月廿七，习近平总书记在北京看望慰问基层干部群众，他走进北京的胡同并在这里向全国人民拜年，习近平总书记走进大栅栏商业街，不仅为街区人民带来温暖，更是对大栅栏商业街的发展给予鼓励（F31）	习近平总书记走进大栅栏商业街（a31）
2019年6月5日，以探讨大栅栏片区的城市记忆以及胡同院落空间更新为主题的展览在大栅栏商业街开展，本次展览以大栅栏商业街为研究场地，依托于北京林业大学艺术设计学院环境设计系"设计与表达""专题设计实践"课程，对大栅栏片区的代表性节点进行街区记忆挖掘，并以此为设计主题在茶儿胡同12号院进行环境艺术装置设计。（F32）此次展览是一群设计初学者的新鲜探索，借此探讨大栅栏片区的城市记忆以及胡同院落空间更新等话题。借助这样的形式充分发挥高校师生在老城更新中的作用，促进高校师生成果与社区居民的互动，为历史文化商业街区的城市记忆的延续与街区微空间更新方法的探索尽绵薄之力（F33）	创新文艺活动开展形式（a32）吸引社会公民参与街区复兴（a33）
2019年9月19日，2019新忆大栅栏——北京国际设计周大栅栏分会场圆满落幕。大栅栏社区用"智慧连接，设计共生"理念，在"2019北京大栅栏短片影展"聚焦于"看见大栅栏创意短片大赛"，并在杨梅竹斜街53号微胡同持续有多部影片放映，参与者还可与导演互动，在薰衣草的花香和胡同文化的包围中，收获视觉、听觉、嗅觉不一样的观影体验。活动以多元丰富的形式，带领观众回顾了大栅栏商业街600年历史文化发展历程，让观众领略大栅栏商业街在地文化的风采（F34）	创新艺术文化活动形式（a34）
2019年11月12日，大栅栏和谐宜居街区共生计划——适老化改造示范样板间正式亮相。大栅栏片区作为历史文化商业街区的典型核心代表，在保护旧有文物，进行文化传承的同时，首先考虑本地居民的情况，要使居民能够享受到保护、发展带来的更舒适、更方便的生活。（F35）北京大栅栏投资有限责任公司在大栅栏街道办事处、三井社区的支持下，通过为本地区有需求的老年人家庭提供适老化环境改造、改善居住条件，使居民能够享受保护和发展所带来的收益和舒适，打造符合首都核心功能的和谐宜居典范。通过新设计、新文化、新理念、新观点等创新的文化主张，有机地融合在地居民与在地商家，构建丰富的文化生活与精神生活社区形态（F36）	承担社会责任（a35）创新的文化主张，构建文化生活与精神生活社区形态（a36）

事件	初始概念
2019年，为深入学习贯彻习近平新时代中国特色社会主义思想和党的十九大精神，国务院新闻办公室、中国外文局以"讲好新时代中国故事"为主题，面向全国开展2019"讲好中国故事"创意传播大赛。北京市作为全国分站赛之一，举办了2019"讲好中国故事"创意传播大赛北京分站赛，挖掘生动、鲜活、精彩的中国故事、北京故事，进一步提升首都文化软实力和国际影响力。北京大栅栏投资有限责任公司主办的"2019看见大栅栏创意短片大赛"两部获奖作品《平行时空杨梅竹》和《老北京兔儿爷杨梅竹斜街19号》经中共北京市西城区委宣传部推荐入围（F37）	积极参与社会活动（a37）
2019年12月13日下午，由北京市人民政府新闻办公室联合中华全国新闻工作者协会、中国公共外交协会、北京广播电视台共同举办的国际城市媒体北京论坛顺利落下帷幕。巴西、古巴、埃塞俄比亚、伊朗、日本、老挝、尼泊尔、巴基斯坦、俄罗斯、土耳其、乌克兰、越南12个国家、12家媒体、14位高管和核心记者受邀来京参访。国际城市媒体北京论坛旨在推进中外媒体互通互鉴、合作共赢，展示最新、最美、最好北京，提升北京的国际影响力。参加国际城市媒体北京论坛活动的记者团来到北京最负盛名的前门大栅栏地区，欣赏北京的"古韵新风"，感受北京城的古老与现代。这也是此次参访活动的最后一站（F38）	开展国际交流活动，促进多文化融合（a38）
2020年4月26日，北京市住建委正式发布《北京老城保护房屋修缮技术导则（2019版）》，自5月7日起施行。落实新总规要求的导则明确提出，二环路以内胡同街区的环境整治，应保持胡同原有肌理、走向和空间尺度，塑造具有老北京文化特色的胡同空间。自此，北京老城保护也有了"行动方案"。大栅栏商业街响应号召，突出抓了老城风貌保护问题，制定了传统风貌建筑的修缮标准和其他建筑的修缮标准，对老城胡同风貌和环境整治、院落改造提升也提出了非常明确的、具体的要求（F39）	政策支持老城风貌保护（a39）
2020年6月13日，西城区文化和旅游局、西城区非物质文化遗产保护中心共同举办"百年商贾·点亮北京"西城非遗购物之旅直播活动，（F40）特邀北京百姓熟悉的电视节目主持人高燕、非遗志愿者杨地，以直播带货的形式探秘西城区老字号非遗保护项目，讲述非遗技艺及老字号故事，"打卡"西城文旅地标，带动文化消费。包括北京彩塑、荟文阁、内联升、张一元、瑞蚨祥、六必居等老北京文化特色体验项目（F41）	创新营销模式（a40）直播带货（a41）

事件	初始概念
《平行时空杨梅竹》短片代表西城区参加由国务院新闻办公室、中国外文局指导，北京市人民政府新闻办公室、当代中国与世界研究院、中国互联网新闻中心主办，北京广播电视台承办的2019"讲好中国故事"创意传播大赛，并在四千余件参赛作品中脱颖而出，荣获北京分站赛二等奖（F42）	社会活动参与（a42）
2020年，新冠肺炎疫情战"疫"打响后，北京大栅栏投资有限责任公司第一时间响应党中央号召，按照区委区政府的决策部署，以国资企业的强烈责任担当，在保障完成正常工作的同时，支持配合街道社区的防疫安排，投入疫情防控工作中。在党员领导干部的带领下，公司员工积极报名参加志愿服务。2月7日，志愿者正式上岗，在社区集中观察一线，宣传疫情防控信息，走访摸排外地返京人员并登记信息，协助社区落实监测工作。2月14日开始，大栅栏片区实行"社区封闭式管理"，志愿者在各个登记点从7：00值守至21：00（F43）	组织防疫活动（a43）
北京大栅栏投资有限责任公司在推进老城保护更新工作中充分考虑大栅栏地区老年人群体的普遍需求，引入了"互助共享养老"这一对于空间利用弹性较大且在地居民所亟须的模式，通过"适老样板间—适老院—老年友好社区"三个阶段的探索，构建切实可行的城市更新模式，实现社会效益、经济效益、环境效益三效并举（F44）	老城街区保护更新（a44）
2021年3月18日下午，在北京大栅栏观音寺片区的大外廊营胡同8号院内，举办了一场热烈的启动会，启动会以研讨聚焦的形式，关注"城·视——历史文化街区保护与更新"的主题，活动分为主题分享、圆桌对话两个环节，来自城市更新与城市视觉领域的专家们依次进行了"前门地区的形成和发展""大栅栏观音寺片区老城保护更新项目""老城更新与城市视觉语境塑造"的主题演讲。在圆桌对话环节，多位专家围绕着"如何做好大栅栏观音寺片区项目视觉形象设计"这一话题，展开了专业、深度的讨论和交流（F45）	公众参与街区主题沙龙活动（a45）
2021年7月27日，"老人·老房·老城·新生"论坛之"养老洞见"主题沙龙在施家胡同的"大家客厅"举办。通过整合政府、社区、投资方、运营方、学者、实干家等各方资源，居家养老市场的路径也越来越清晰。未来，"养老洞见"主题沙龙也将与中国城市更新计划共成长，更多具有实操性价值主题的沙龙将持续登场，逐渐搭建起一个深度、高效、实干、有力的资源整合平台（F46）	各方资源参与城市更新主题沙龙活动（a46）

事件	初始概念
2021北京国际设计周于9月23日在大栅栏地区开幕，以"新声·大栅栏"为主题的系列活动划分为"百年新声""文化新声""科技新声""品牌新声"四个板块，以展览论坛互动体验、智慧街区、胡同文化探访、快闪及体验工坊等形式展开。活动内容将围绕历史文化街区保护与更新模式探索、街区空间改造与智慧更新、文化挖掘与传承、设计跨界、创意品牌发声等不同维度展开（F47）	大栅栏地区举办多重活动（a47）
举办杨梅竹人本智慧空间沙龙·胡同花草堂系列活动·"金融赋能 智慧文旅"沙龙。科技为传统带来革新与创新，科技为未来生活与城市空间带来更多可能；通过人与自然新思想、新技术的融合，发现城市文化与城市发展中更多的便捷性、可能性和创新性。（F48）该活动由北京国际设计周组委会支持，北京大栅栏投资有限责任公司、中国城市建设研究院无界景观工作室、北京工业大学人本街道实验室LINKNGO众志营城、北京杨梅竹斜街采瓷坊、北京联通交通文旅行业总监张天元联合举办。中方嘉宾邀请参与杨梅竹斜街环境更新的建设和管理单位、设计方、居民及商户，埃方嘉宾邀请参与友谊广场项目的设计方和建设方代表、施工人员及附近居民（F49）	科技助力街区创新（a48） 多方自愿参与街区复兴活动（a49）
2021年大栅栏设计社区将联合20余家在地品牌，同时招募和邀请多家设计师、品牌，于设计周期间举办快闪展览及工作坊体验活动。在地人文与业态的全新组合，为街区的更新和品牌的传承带来新的意义。（F50）在不断拓展新场景、新模式的业态升级中，社区与人的融合，品牌与社区的融合，新居民和老居民的融合，共同缔造和带动着产业转型与升级，让街区和品牌都焕发出新的生命力（F51）	为街区复兴拓展新场景，新模式（a50） 举办快闪展览及工作坊体验活动（a51）
济安斋书店坐落于杨梅竹斜街66号，处于杨梅竹斜街正中心位置，始建于明朝，有400多年历史，书店原址是京都济安堂王回回狗皮膏药铺，与王麻子剪刀、王致和腐乳并称"京城三王"。门口大片的绿植、露台上累累的蔬果和舒服的座椅、宽敞的二层露台让人不禁沉浸在这份静谧之中。啜饮一口清凉的果汁，给远方的朋友或未来的自己寄一张明信片，在胡同里吹着微风，当一回"老北京"（F52）	创城与创新老字号文化（a52）
2021年，以整合文化艺术行业优秀资源的薄荷公社扎根杨梅竹斜街，在北京大栅栏投资有限责任公司的大力支持与帮助下，建立了一个以"城市更新"为主题的"艺术生活化"的文化艺术美学空间，一个文化艺术微生态社区，一个集成式、品牌化、国际化的合作展示窗口（F53）	创新文化艺术美学空间（a53）

续表

事件	初始概念
2021北京国际设计周大栅栏分会场结合历史使命，在金秋十月策划多元文化展+穿越百年风华系列活动。（F54）通过"献礼建党百年'百年新声·大栅栏'大栅栏城市更新成果展""历史文化街区保护与更新实例展""档案中散落的大栅栏"等展览，聚焦大栅栏商业街，让人们更详尽地了解大栅栏的"前世今生"。回顾大栅栏人民的智慧结晶，深入浅出地讲述历史，让大家了解其发展脉络和文化传承（F55）	策划多元文化活动（a54）注重街区历史文化传承（a55）
北京大栅栏投资有限责任公司于2011年启动基于城市微改造的大栅栏更新计划，委托北京易享生活健康科技有限公司在取灯胡同12号院东厢房实施设计维护老旧平房适老化改造体验间暨适老宜居共享院。根据"适老化、精细化、智能化"的原则，提供了适合两位高龄老人生活的功能环境，结合完善院落功能，打造"全龄宜居共享院"（F56）	政企合作改造街区居民环境（a56）
在杨梅竹斜街26号的采瓷坊文化体验空间内，游客们可以体验古老的瓷器修复方式，包括运用传统工具"金刚钻"和铜钉的锔瓷工艺，以及能让陶瓷涅槃重生的"金缮"工艺。尤其是"金缮"工艺，这是一种使用从漆树科植物中提取的天然漆料及金粉等材料对残缺的器物进行修补的工艺（F57）	公众参与文化体验活动（a57）

表3-7　　　大栅栏商业街开放编码形成的初始概念及范畴

编码	对应范畴	初始概念
A1	地理位置优越	地理位置优越（a1）；地理位置优越促进发展（a2）；交通发展为街区带来新动力（a4）
A2	老字号文化传承与发扬	老字号文化出现（a3）；引进文化艺术活动（a21）；政府支持文化活动的开展（a29）；政企合作帮助街区文化传承创新（a23）；注重街区历史文化传承（a55）
A3	外来文化融合	引入多元化文化因素，形成独特的风格（a6）；开展国际交流活动，促进多文化融合（a38）
A4	经营方式创新	经营内容增加吸引更多客流（a5）；创新营销模式（a40）；直播带货（a41）；科技助力街区创新（a48）

编码	对应范畴	初始概念
A5	政府颁布街区复兴条例	政府提出新举措改造街区（a11）；编制管理条例，保障街区复兴（a13）；政府设计改造条例，明确改造内容（a14）；紧跟政策引领，疏解首都功能（a24）；政策支持老城风貌保护（a39）
A6	政府支持街区发展	政治斗争对街区造成破坏（a8）；政府支持街区发展复兴（a9）；政府鼓励进行街区修整和环境整治（a10）；政府提出治理条例（a12）；政府启动街区修缮项目（a16）；政府行为街区整治（a22）；政府支持街区环境整治提升（a25）；习近平总书记走进大栅栏商业街（a31）
A7	社会多方合作	街区改造升级，为居民带来便利（a7）；多方合作，社会资源共同参与（a15）；"大栅栏更新计划"启动，资源合理优化（a17）；大栅栏地区治理作为"十二五"时期的实施重点之一（a20）；构建绿色生态环境，开展生态创新（a26）；老城街区保护更新（a44）；政企合作改造街区民居环境（a56）
A8	艺术创新	创新街区艺术（a18）；创新艺术活动开展方式（a27）；创新艺术文化活动形式（a34）；创新文化艺术美学空间（a53）
A9	文化创新	创新文化特色，开展多项特色活动（a19）；创新文化主题活动，服务社区（a28）；创新文艺活动开展形式（a32）；创新的文化主张，构建文化生活与精神生活社区形态（a36）；为街区复兴拓展新场景，新模式（a50）；创城与创新老字号文化（a52）；策划多元文化活动（a54）
A10	公众参与街区活动	吸引社会公民参与街区复兴（a33）；公众参与街区主题沙龙活动（a45）；各方资源参与城市更新主题沙龙活动（a46）；多方自愿参与街区复兴活动（a49）；公众参与文化体验活动（a57）
A11	街区组织多元活动	积极参与社会活动，提高街区影响力（a30）；承担社会责任（a35）；积极参与社会活动（a37）；社会活动参与（a42）；组织防疫活动（a43）；大栅栏地区举办多重活动（a47）；举办快闪展览及工作坊体验活动（a51）

2.主轴编码

主轴编码旨在将开放编码中各范畴联系起来，探究相对独立的范畴间的逻辑关系。本书将大栅栏商业街开放编码中获得的11个范畴进行如下关联（见表3-8），归结为5个主范畴，分别为区位优势、多元文化、政府行为、创新能力、公共关系活动。

表3-8 大栅栏商业街主轴编码形成的主范畴及其内涵

主范畴	对应范畴	范畴内涵
区位优势	地理位置优越	大栅栏位于西城区天安门广场以南，前门大街西侧，它的地域位置在老北京的中心，是南中轴线上一个重要的组成部分
多元文化	老字号文化传承与发扬	大栅栏商业街不仅有瑞蚨祥、同仁堂等众多驰名中外的老字号，还是我国京剧文化的荟萃之地和北京第一所电影院——大观楼影城的所在地。随着中西文化的碰撞，大栅栏商业街也开始注入西洋文化，文化传承与融合的街区功能开始显现
	外来文化融合	
政府行为	政府颁布街区复兴条例	政府给予大栅栏商业街改造以有力支持，致力于解决改善民生的需求，引导街区修整，着手帮助恢复发展大栅栏商业街
	政府支持街区发展	
创新能力	经营方式创新	大栅栏商业街通过引入新型文化活动，提高知名度、辨识度，用新媒体、艺术等新的手段激活这些传统文化，使得街区活动变得更加灵动
	艺术创新	
	文化创新	
公共关系活动	公众参与街区活动	大栅栏通过举办和多方参与社会活动，向社会公开征集针对旧城中的疑难杂症的解决方案，并通过参与社会活动提升知名度，赋予街区发展活力
	社会多方合作	
	街区组织多元活动	

3.5.4 大栅栏商业街各时期演化特征分析

大栅栏商业街是一条别具特色的老字号品牌文化体验商业街，是北京市必选的旅游"打卡"之地。大栅栏的发展脉络与前门大街虽有相似之处但也有自身特色。根据查找相关资料，遵循大栅栏商业街发展的历史脉络，梳理大栅栏商业街在不同演化时期的特征（见表3-9）。

表3-9　　　　　　　　大栅栏商业街不同演化时期的特征

时期	中华人民共和国成立前	中华人民共和国成立—改革开放	改革开放—2008年	2008年至今
经营方式	①简易席棚商铺，后演变成一条商业街；②商户自建商铺，出现中西合璧式或纯西洋风的门脸	①实行公私合营制度管理商业街；②第二次整改恢复成商业街	①店铺都以门店的方式经营；②有限公司经营改造为商业步行街	合伙经营方式打造新型文化体验街区，满足商业需求
经营范围	休闲娱乐会馆，西洋气息的老字号店铺、小吃店，呈现沿街条状	延续以往的商业街形式，出现了走卖的小贩，老字号和西洋店铺经久不衰	民族文化传承的商业步行街，老字号店铺	传承老字号门店，引进新兴商业体，如工作室、设计商店、手工艺
经营特色	居民饮酒作乐和休闲娱乐的会馆，经营业态更加多样化	市民休闲娱乐场所，中西文化交融	打造多个老字号品牌体验馆、非遗体验区	营造开放、多元、共享的街区特色，为老城居民带来全新气象，吸引年轻人
街区功能	由居住功能转化为商业功能	商业功能占主体，开始出现旅游功能	保留居住功能，旅游职能不断优化，非遗文化传承与保护功能	文化传承与开发的街区功能
关键影响因素	区位优势	区位优势、多元文化	区位优势、多元文化、政府行为	区位优势、多元文化、政府行为、创新能力、公共关系活动

3.5.5 北京坊演化影响因素范畴提炼

1.开放编码

北京坊演化路径中影响因素研究将所有一、二手资料进行整理排序（用"F+序号"形式标注），剔除重复或前后矛盾的信息，最终共提炼出52条初始概念（用"a+序号"形式标注），本研究列举了部分原始资料和初始概念的提炼过程（见表3-10）。之后将52条初始概念进行比较、合并，最终提取出10个范畴（用"A+序号"形式标注），具体如表3-11所示。

表3-10　　　　　北京坊原始资料和初始概念提炼过程

事件	初始概念
作为与天安门零距离的街区式项目，近几年北京坊在城市更新的推动下，助力北京最中心的老城区逐渐恢复生机与活力，越来越多的人开始了解并爱上这个"中国式生活体验区"。自身的地缘优势，让北京坊注定不会成为一个"平凡"的项目，在与北京坊项目负责人的交谈中了解到北京坊对运营的一些思考，更深入地感受到这个项目的不可复制性（F1）	地理位置优势（a1）
1975年，已经是国营的北京劝业场变身"新新服装店"，是北京当时最大的服装商场。2000年，变为"新新宾馆"，是当时天安门广场对面的著名地标（F2）	体制改革，经营类别不断调整（a2）
2014北京国际设计周期间，北京劝业场作为"大栅栏会馆"正式对外开放。北京劝业场被开辟为文化艺术中心，举办各种艺术展览，同时也具备商业功能，引入服饰、娱乐、饮食等方面的知名品牌。修复后的北京劝业场内，大玻璃屋顶、大理石地砖、白色雕花楼梯尽显西洋气息（F3）	文化艺术中心，同时也具备商业功能（a3）
2017年1月16日，北京坊建筑集群正式落成，致力于打造北京文化新地标，融合多方文化特色，加强国际交流，举办国际特色文化活动，开展多家世界各地国家产品体验中心，打造"中国式生活体验区"，与此同时，北京坊建筑集群设计颁牌仪式也隆重举行（F4）	融合多方文化特色，加强国际交流（a4）
2017年1月21日至2月11日，北京坊2017新春文化坊会举行，其开幕仪式在北京劝业场举行，是北京坊街区与建筑亮相后举办的第一个大型公共文化活动。北京坊引进的主要是展馆、书店、文创等商业形态，定位为"中国式生活体验区"（F5）	引进创新型商业形态，做"中国式生活体验区"（a5）

事件	初始概念
2017年7月在劝业场开展国安艺术品展，与热爱艺术的朋友们分享艺术与艺术、艺术与城市、艺术与生活的故事（F6）	艺术融合（a6）
2017年8月在北京坊的坊巷空间，举办了北京坊CCAP（中国国家画院·主题纬度公共艺术机构）公共艺术·绿色生活沙龙，活动主题旨在提高人们的环保意识，以"少买、交换、回收改造"来倡导低碳可持续性的生活理念。通过交换和回收的方式帮助游客选择适合自己的二手物品（F7）	公共艺术活动（a7）
北京坊于2017年9月28日至10月5日在北京劝业场一层中庭进行艺术篮球作品展出，并邀请了著名花式篮球表演公司哈林公司旗下十几位少年进行花式篮球秀，在组织篮球艺术展的同时于北京劝业场一层边厅举办筑梦·篮球涂鸦比赛，让大众切身感受街头文化和篮球创作的独特魅力（F8）	融入体育元素，感受街头文化和篮球创作的独特魅力（a8）
2017年12月2日在北京坊W7号楼举办了一场特别的新年演出秀——《木偶奇遇记》，很多大朋友、小朋友参与其中。观看演出，让更多的人走进北京坊，让更多精彩的活动走进大众视野（F9）	引入艺术元素（a9）
2018年6月，MUJI酒店（MUJI HOTEL BEIJING）在北京正式开业，成为全球第二家开业的无印良品酒店（F10）	文化融合（a10）
2018年12月22日在北京坊B2展演空间近5000平方米商业艺术空间，联手全球20余位独立设计师打造14个生活方式主题场景，汇集衣食住行全品类千件商品，为游客带来艺术跨界与生活方式的融合大聚会（F11）	艺术跨界与生活方式的融合（a11）
北京坊坚持打造中国首家家传文化体验中心，集合了不少国风文化主题的体验店，售卖有中国传统文化特色的家居产品。并引进了星巴克旗舰店［星巴克臻选（北京市北京坊店）］、PageOne书店和WeWork共享办公主力店，若干家餐饮、休闲、时尚服饰等次主力店。满足追求时尚、高品位和高品质生活的人群的商务、休闲、购物的需求，而这也迎合了当前人们对于生活品质不断提高的市场需求（F12）	引入多重经营业态满足高品质生活需求（a12）
北京坊东至珠宝市街，西至煤市街，南至廊房二条，北至西河沿街，总占地面积3.3万平方米，建筑面积14.6万平方米。它地处首都核心区域，位于天安门西南，毗邻故宫博物院、国家大剧院、中国国家博物馆等著名文化场所，是北京前门街区整体保护与有机更新的核心地带。 几百年来，前门商圈可谓家喻户晓，远近闻名。这里沉淀着深厚的历史文化底蕴，绵延着清晰的城市肌理脉络，积累着浓郁的商业氛围和丰富的商业资源，每一寸土地都深深地烙刻着北京商业文化的印迹。作为这一带生态圈中的新生力量，得益于先天优越的地理位置，北京坊一经出现，已然成为北京地名文化的重要符号（F13）	区位优势先天基因（a13）

续表

事件	初始概念
2019年"五一"小长假期间，北京坊打造坊间家庭计划，用不同文化生活升级假期品质。包含着京剧大荟萃，"浓缩"在市集之中，另外还有北京坊FUN市集、麟角和妈妈网联合推出，力邀中国当代拼布艺术家王璇女士和中国儿童艺术教育专家、国家津贴学者罗珍女士带来结合了中国传统二十四节气的拼布绘本艺术节。消费者们打卡精彩的文化活动，丰富了假期生活（F14）	打造坊间家庭计划，多文化体验（a14）
2019年6月28日上午，大栅栏街道举办庆祝中国共产党成立98周年大会暨北京坊商圈党建服务中心启动仪式，市委社会工委、西城区委组织部、西城区委社会工委、西城区委党校有关领导、大栅栏街道、北京广安控股集团有限公司领导、大栅栏街道党建协调委员会成员单位及地区党员，商圈企业代表140余人参加活动。会上，北京广安控股集团有限公司党委副书记苏德铭做了大会主旨发言，表示要强化党建引领，与大栅栏街道共同努力，为坊间企业提供更优质的服务（F15）	强化党建引领，为坊间企业提供更优质的服务（a15）
2019年10月27日至11月2日，北京劝业场携手中国国际时装周举办7场时尚盛宴，作为一个致力于举办全方位、多维度的文化艺术活动，搭建国际交流和文化交往的平台，北京坊这一优质文化空间载体，可以实现时尚和文化的完美交融，让其迸发出崭新的生机与活力，呈现更多元化、时尚化、潮流化、科技化的时尚前沿现场（F16）	国际交流和文化交往，时尚和文化交融（a16）
2019年11月6日晚，万商俱乐部北京分部携手北京坊合作举办"探秘'坊之道'，解读中国式商业街区"主题沙龙。北京坊招商总监毛善端做了主题为"探秘'坊之道'，解读中国式商业街区"的分享，北京坊作为北京文化商业新地标，从建筑设计、场景打造、IP应用、业态配比、选商原则等多维度建立北京坊商业文化灵魂。"坊之道"与万商俱乐部也会保持更加紧密的交流与合作，搭建共享经济的创新平台（F17）	创建经济共享环境，开展异业合作（a17）
2019瑞丽美容大赏12月在北京坊拉开序幕，瑞丽美容大赏已经连续举办7届，携手众多明星、名人、专家等共同打造年度最受瞩目的时尚行业的盛事之一。北京坊通过举办此类活动，引导中国时尚人群价值观、人生观、世界观的正向发展（F18）	引入时尚元素，引导健康新风尚（a18）
2020年1月21日"2020北京坊新春文化坊会·时尚潮玩节"，以百年建筑北京劝业场主题展为核心，以劝东劝西广场、西区B2展演空间为承载场地，并联合坊内多家商户，为广大市民带来一场大胆前卫的文化艺术盛宴。内容囊括潮流市集、美食品鉴、街头演艺、亲子互动、新春年味体验等，精彩活动从大年初一持续至大年初六（F19）	丰富文化活动，创新活动形态（a19）

续表

事件	初始概念
2020年2月2日，北京坊公布致全体合作伙伴的一封信——《同舟共济 共克时艰，携手打造美好和谐北京坊》。信中表示，在全国万众一心抗击新冠肺炎疫情的关键时刻，北京广安控股集团有限公司作为首都功能核心区国有企业，旗下核心品牌、首都文化新地标——北京坊，科学开展防疫工作，正常营业不闭店，服务首都群众物质文化生活。特殊时期，北京广安控股集团有限公司会一如既往秉承国企社会责任，与人民群众和广大商户站在一起，共同打赢疫情防控阻击战。积极响应和落实北京市人民政府及卫生健康部门、行业主管部门提出的各项通知、防控措施及要求。建立健全企业防疫工作责任制，严格落实从业人员健康体检制度、经营场所卫生保洁制度、设备设施消毒制度、食材采购检疫制度。切实加强内部管理，教育提高员工的自我保护意识，配合各项与疫情防控相关的排查工作及信息上报，确保企业内部安全有序，员工身心健康（F20）	科学开展防疫工作，紧跟政策引领（a20）
2020年3月14日至15日疫情防控期间，北京坊联合众多坊间商户倾献新生活方式——"坊间直播课堂"，包括保利国际影城、北平花园、蒸汽犀牛等商家参与其中，让消费者感受艺术文化、人气大餐及新季新品，用直播的形式将商品近距离与消费者接触（F21）	直播电商，创新经营方式（a21）
2020年5月1日至7日，以"重构·逆行者的2020"为主题的中国国际时装周AW20全新开启。时装周在"时尚与历史完美交融"的文化新地标——北京坊再次精彩上演，为大家提供云上精神消费的新选择以及更为丰富的文化服务内容。深刻的文化内涵，聚焦国际的时尚目光，带来一场突破常规的文化艺术盛宴。北京坊携手中国国际时装周，围绕潮流与消费，为广大消费者打造一个高品质的潮流生活体验，为中国时尚强势发声。这次的时装周秋冬系列是自中国国际时装周举办以来，首次打造的线上时装秀，全球顶尖设计师将用独特的设计语言，为消费者创造全新的云上时尚文化体验新模式。这让原本就是年度时尚大事件的中国国际时装周更具话题性（F22）	引入时尚元素，推动文化创新（a22）
6月24日，MUJI酒店推出"谷泉/石出永定GU QUAN BEIJING STONE"展。艺术史学者、艺术家谷泉将以永定河的石头在1层的Big Table幻化出一条北京的河流——过去与未来在此汇聚，传统和现代交相辉映。展览期间，MUJI酒店同时举办相关活动，满足大家探索自然奥秘、发现北京之美的心愿（F23）	开展艺术活动，引入艺术体验（a23）

事件	初始概念
前门是北京的老地界。正阳门外，中轴线以西，北京坊与天安门广场直线距离约100米。毗邻故宫博物院、国家大剧院、中国国家博物馆等，在这个寸土寸金的地方，北京坊的区位等同于帝都的心脏部位。北京坊东至珠宝市街，西至煤市街，南至廊房二条，北至西河沿街，是二环内从前罕有、以后也难有的开放式商业街区。北京坊位于北京市西城区大栅栏历史文化保护区东北角，前门大街入口处，垂直于大栅栏商业街。前门地铁站就在附近，不同于前门大街的喧嚣和煤市口大街的车水马龙，紧邻这两条大街的北京坊就像个世外桃源，宁静而安谧（F24）	距离天安门广场100米（a24）
2020年8月14日至19日，中英生活方式体验周如期而至，该届中英生活方式体验周为期6天，在北京坊的北京英园（The British House）举行，此次论坛作为"2020中英生活方式体验周"的重点交流平台，围绕"后疫情时代中英零售企业的破局与合作之道"等主题邀请中英代表开展专家座谈，探讨在后疫情时代，双循环的新发展格局下，中英两国企业的发展和合作之道（F25）	多元文化交流与创新（a25）
2020年9月27日，全国首家维维尼奥香氛艺术馆进驻北京坊并盛大开幕，作为全国首家以香氛为主题的艺术馆，打造一处"玩香"圣地。科普、探索、互动等沉浸式体验，在香气中发现无限可能（F26）	引入多样文化，感受沉浸式体验（a26）
2020年10月1日至5日，2020北京国际设计周分会场之一、北京潮玩造物博览会亮相北京坊劝业场，为广大潮流艺术文化爱好者、玩家等带来一场别开生面的潮流艺术创意视觉盛宴。北京坊已于2020年9月被评为2020北京市级文化产业园区（F27）	潮流艺术文化体验，多元文化形式（a27）
经历半年的筹备，2020北京潮玩造物博览会的主会场安排妥当。这次展会启用了北京劝业场这座拥有百年历史的艺术场馆建筑，10月1日至5日，上下三层超大空间里汇集了国内外200家潮玩品牌、工作室及设计师的顶尖作品。（F28）这次在北京劝业场展出的近千款潮玩统统都是消费者曾经熬夜争抢而不可得的尖货。潮玩达人们耳熟能详的国内优质品牌不仅拿出了自家经典作品，更是献出攒了一年的创意艺术新品（F29）	创新文化活动形式（a28）举办多重艺术文化活动（a29）

事件	初始概念
2020年11月17日至18日，"中国商业地产行业（第十七届）2020年会"在成都世纪城国际会议中心举办。这是全国商业地产业界规模最大、层次最高、影响最广的行业盛会。年会由全国工商联主管的全联房地产商会商业地产工作委员会发起主办，中华全国商业信息中心、成都市商务局、华夏时报、吴晓波频道、场景实验室联合主办。成都市副市长刘筱柳在会前会见了部分与会专家与企业家并出席会议，出席年会的领导和专家还有国务院参事室特约研究员姚景源、国务院发展研究中心市场经济研究所所长王微、商务部特派员傅艳、中华全国商业信息中心党委书记曹立生等。在年会中，北京坊凭借专业的商业地产创新管理能力，荣获"中国商业地产运营管理创新奖"！（F30）北京坊在业态规划中充分体现了北京的城市定位，承担首都功能，这也正是北京坊能成为北京文化新地标的基础。2020年，北京坊在此基础上提出的"北京坊2.0概念，品牌全部主力店化"更是秉承了"进场店铺创新特色化，招商、运营、推广同步支持，一视同仁；与品牌方达成共识，携手打造零售体验化"的创新发展原则（F31）	参与商业地产创新管理评选活动（a30）北京坊2.0概念，创新发展模式（a31）
北京坊用科幻颠覆想象，集结CG艺术爱好者与媒体大咖在北京劝业场四层共同见证了国创科幻动画《星骸骑士》的盛大发布。 中宣部国家艺术基金活动处处长廖文罡、国务院商务部消费促进司副司长克衣色尔·克尤木、中国电视艺术协会卡通艺委会秘书长毛勇、北京国际设计周有限公司董事长王昱东等领导出席本次发布会。本次发布会由北京电视台、中国电影报、人民日报、环球时报等官方媒体对现场进行了报道。 除此之外，微博动漫、快手动漫、一点资讯、36氪、站酷等30余家平台及自媒体也在现场同步进行报道。（F32）在极具震撼的Life Awaits（往生）乐队开场过后，"打开科幻之门"的启动仪式正式拉开本次揭牌仪式序幕。之后，嘉宾们在现场提前观赏到了《星骸骑士》第一集全集首播，通过近距离聆听主创团队创作历程与创作感受，将抢先收获的精彩亮点分享给更多的科幻爱好者（F33）	举办形式多样的艺术活动（a32）公众参与度高（a33）

续表

事件	初始概念
坊间工作人员，每日上岗前统一测温，佩戴口罩上岗服务，严防严控，健康不掉队。进入北京坊的顾客，也需要进行健康宝及体温检测，未见异常且体温正常方可进入，戴好口罩、出入扫码。北京坊对重点区域如坊内出入口、门把手、楼道、电梯间、地下车库等，每天都会持续进行全覆盖、高频次消毒。为督促商户认真落实防疫要求，北京坊专门成立巡查小组联合商家积极落实各项疫情防控措施，启动商户动态管理体系，实时更新、实时管理，确保商家服务质量的同时坚持疫情防控不放松。用实际行动提供全方位安全保障，坊内各商户均配置了足量的免洗消毒喷雾、医用口罩、消毒湿巾、体温计、测温枪等卫生防护用品，放置在公共区域，随时可用、便捷省心，为大家提供安全可靠的生活服务（F34）	加强疫情防控，为消费者提供贴心保障（a34）
中央广播电视总台《朗读者》栏目线下活动"朗读亭"正式开放。该活动邀请广大市民朋友来参与，欢迎读者来到朗读亭读文本、讲故事、诉心声，展示书香北京的风采、共建全民阅读之浪潮（F35）	参与社会公共活动（a35）
位于北京前门的曼联梦剧场根植于曼联足球俱乐部悠久的历史文化，通过应用全球最新科技研发成果，打造包括"曼联征程""曼联体验""曼联梦剧场餐厅"和"曼联梦剧场专卖店"在内的四大业态，契合中国市场的独特需求。通过前沿的互动设施和丰富的游戏体验，打造全新的体育主题线下消费场景，为到访的顾客提供足球娱乐新体验（F36）	打造新型线下消费场景（a36）
艺术家徐毛毛个展"你问，我就会说 I NOW YOU SEE ME"于2021年5月23日在十点睡觉·山木（北京坊空间）举办，这也将是十点睡觉大企业快闪店的第一个展览。展览由十点睡觉艺术空间和星空间联合主办，展出徐毛毛2019年以来的创作，包括大幅丙烯作品，小幅丙烯作品，滑板作品，以及疫情隔离期间在纸本上创作的水彩作品（F37）	开展文化艺术展（a37）
NGART2021次世代潮流艺术季在北京坊劝业场盛大开幕。（F38）500幅国内外超人气插画及漫画、多款炫酷雕塑模型首次展出；萌系、治愈系盲盒闪亮登场；重点艺术院校动画作品展映；GGAC全球游戏动漫美术概念大赛特等奖+金奖作品首展；中国漫画与图像小说"龙马奖"获奖作品首展，还有百余本插画、漫画、动画类专业书籍展出。众多二次元爱好者前来打卡活动现场（F39）	开展潮流艺术季活动（a38）众多消费者参与（a39）

事件	初始概念
北京坊主办盛夏城市生活节，北京坊发掘宫廷历史及北京本土文化，融合备受年轻人追捧的国潮风尚，将传统文化融入当代生活方式，在国潮匠心与北京坊文化地标的全新碰撞中，感知一场极具东方风韵的文化市集。（F40）此次市集不仅有令人耳目一新的宫廷市集体验空间，还有多个原创文创品牌；此次"宫廷市集"北京坊专场，用新与旧的碰撞催生出的生活方式，打造了一场可逛、可吃、可玩的潮酷文化体验（F41）	创新文化活动形式（a40） 开展文化艺术活动（a41）
北京坊与华为河图携手，丰富街区的游览体验，将商业场景与AR技术完美结合，打造一次全新购物体验，一年的合作让这次科技+商业+文化领域的多元碰撞真正提升了北京坊所倡导的中国式新生活体验。（F42）置身劝东广场，北京坊迎来了虚拟世界的全新亮相，数字化的标牌让大家一眼看穿经营业态，告别询问，而漫天的热气球仿佛让消费者置身美丽的城市峡谷。在劝西广场，还有来自王者荣耀的超级IP，消费者可以合照打卡（F43）	科技助力街区发展（a42） 开展多元化消费场景（a43）
2021年8月18日，PageOne书店联合PNSO推出的"PNSO新美育计划"科学艺术专区在PageOne书店落地。本次展览的内容来自"PNSO新美育计划——和赵闯杨杨一起创作美妙的地球故事"这一科学艺术内容工程。（F44）该活动希望孩子们不仅能够享受这些独特的科学艺术活动，同时也能在活动中培养科学素养、技能素养和表达素养，进而提升自己的认知能力和实践能力。让不同年龄段的活动参与者能够用科学艺术的方法融入世界，进而通过创造性的工作，构建自己的科学艺术世界。将美的事物呈现给孩子们，是对他们美感的培养。希望可以借此增强孩子们对事物的感知能力，对生命的感受能力，对周围世界的认知能力和情绪态度的表达能力，促进孩子们积极的情感态度以及健全人格的形成（F45）	构建多元艺术体验（a44） 创新活动方式（a45）
2021年8月20日，维维尼奥香氛艺术馆周年特展，维维尼奥团队耗时117天打造香气和心灵共鸣的沉浸式体验空间，以周年特展的形式回馈大众。（F46）通过艺术家的创作追踪、感悟把特展分成四个章节：Emotion（情绪）+Memory（印记）+Voyage（旅程）+Wellness（疗愈）。"Fragrance is the New Hope"特展为维维尼奥香氛艺术馆开馆一周年的限时展览，并携手国际香精香料公司——IFF国际香料。作为全球较大的香精香料公司之一，IFF国际香料拥有世界上最大的独立研究香气和味觉的研发中心，在香精香料上坚持为用户带来国际化、艺术感及品质感的香氛体验。本次展览围绕"新希望"的主题，借由香水作品的嗅觉语言激发与人的心灵对话，重新探讨人与情绪、生活方式的关系（F47）	开展艺术展览会（a46） 创新艺术呈现方式（a47）

事件	初始概念
聚焦新消费格局，促进品牌文化融合发展，集中展现品牌力量。2021年10月15日，北京坊"坊之道"城市品牌Club沙龙第一期正式开启。"坊之道"是北京坊打造的具有IP属性的"星级"会员Club，为坊内商户及客户打造一个交流、分享、研讨共生经济的平台，诚邀大家一起完善北京坊业态布局和品牌矩阵，让消费者体验到更加丰富多元的生活。每期沙龙会根据不同主题邀请不同品牌的嘉宾出席活动，参与讨论，本期主题为"齐聚北京坊，共话新未来"。各个品牌代表围绕着如何更好打造北京文化新地标、如何为消费者带来更多的体验和更优质的服务展开了激烈的讨论，以全新视角进行观点碰撞，为探索北京坊的发展新思路建言献策（F48）	消费者参与体验多元活动（a48）
三四月正是走出室内到户外玩耍的好时节，北京坊以春的名义，集结了30个生活造物者美学品牌，共同开启一场"暖春美学造物场"之旅。热爱文艺和手工创作的人们聚集在此，亲身感受老物再造、工匠创新、有趣收藏等主题活动，体味创意市集的新生活力，聆听新造物者的内心独白（F49）	多元文化活动形式（a49）
其始建于1905年，最早名叫"京师劝工陈列所"，是清政府商部征用位于廊坊头条的会元堂旧址，设为展览各地工业品的陈列所，其中一部分工业品可作为商品销售，后遭火灾重建。1936年归为北平市政府管理，将其改名为"北京劝业场"，意在"劝人勉力、振兴实业、提倡国货"。两年后经过投资修缮，它变成了京城第一座带有电梯的商业综合体，集百货、餐饮、娱乐为一身（F50）	清政府商部征用，设为展览各地工业品的陈列所（a50）
2019年1月15日，国家主席习近平夫人彭丽媛同芬兰总统夫人豪吉欧在北京欣赏音乐诗会。会后在叶壹堂（PageOne）书店中，彭丽媛为豪吉欧介绍了前门大栅栏地区的历史和改造情况。进一步将北京坊推向国际（F51）	首都功能，政治元素（a51）
7月13日，中共北京市委宣传部发布《2020年度北京市级文化产业园区拟认定名单公示公告》。北京坊入围市级文化产业园区，此次评审认定工作由中共北京市委宣传部组织开展，包括市级文化产业园区、市级文化产业示范园区（提名）、市级文化产业示范园区三类，对园区进行合规性审查、专家评审和实地踏勘。 近年来，北京坊紧跟国家发展战略，主打"文化、体验、特色"，是北京具有文化特色的创意产业、休闲及旅游产业、特色商业相融合的文化创意聚集区和传统文化体验区。在文化层面展现了北京市的城市封面，在业态规划中体现了北京市的城市定位，承担了首都文化推广的重要功能（F52）	紧跟国家发展战略，承担首都文化推广（a52）

表3-11　　　　　　　　北京坊开放编码形成的初始概念及范畴

编码	对应范畴	初始概念
A1	地理位置占优	地理位置优势（a1）；区位优势先天基因（a13）；距离天安门广场100米（a24）
A2	营销方式创新	体制改革，经营类别不断调整（a2）；文化艺术中心，同时也具备商业功能（a3）；引进创新型商业形态，做"中国式生活体验区"（a5）；引入多重经营业态满足高品质生活需求（a12）；创建经济共享环境，开展异业合作（a17）；直播电商，创新经营方式（a21）；北京坊2.0概念，创新发展模式（a31）；科技助力街区发展（a42）
A3	政策引领	强化党建引领，为坊间企业提供更优质的服务（a15）；科学开展防疫工作，紧跟政策引领（a20）
A4	引入国外多元文化	融合多方文化特色，加强国际交流（a4）；文化融合（a10）；引入多样文化，感受沉浸式体验（a26）
A5	国内多元文化融合	融入体育元素，感受街头文化和篮球创作的独特魅力（a8）；打造坊间家庭计划，多文化体验（a14）；国际交流和文化交往，时尚和文化交融（a16）；丰富文化活动，创新活动形态（a19）；多元文化交流与创新（a25）
A6	文化创新	引入时尚元素，推动文化创新（a22）；潮流艺术文化体验，多元文化形式（a27）；创新文化活动形式（a28）；创新文化活动形式（a40）
A7	艺术创新	艺术融合（a6）；公共艺术活动（a7）；引入艺术元素（a9）；艺术跨界与生活方式的融合（a11）；引入时尚元素，引导健康新风尚（a18）；开展艺术活动，引入艺术体验（a23）；构建多元艺术体验（a44）；创新艺术呈现方式（a47）
A8	举办多元活动	举办多重艺术文化活动（a29）；举办形式多样的艺术活动（a32）；打造新型线下消费场景（a36）；开展文化艺术展（a37）；开展潮流艺术季活动（a38）；开展文化艺术活动（a41）；开展多元化消费场景（a43）；创新活动方式（a45）；开展艺术展览会（a46）；多元文化活动形式（a49）
A9	参与社会活动	参与商业地产创新管理评选活动（a30）；公众参与度高（a33）；加强疫情防控，为消费者提供贴心保障（a34）；参与社会公共活动（a35）；众多消费者参与（a39）；消费者参与体验多元活动（a48）
A10	政治元素	清政府商部征用，设为展览各地工业品的陈列所（a50）；首都功能，政治元素（a51）；紧跟国家发展战略，承担首都文化推广（a52）

2.主轴编码

主轴编码旨在将开放编码中各范畴联系起来，探究相对独立的范畴间的逻辑关系。本书将北京坊开放编码中获得的10个范畴进行如下关联（见表3-12），归结5个主范畴，分别为区位优势、政府行为、创新能力、多元文化、公共关系活动。

表3-12 北京坊主轴编码形成的主范畴及其内涵

主范畴	对应范畴	范畴内涵
区位优势	地理位置占优	北京坊位于前门大街西侧，得益于得天独厚的区位优势，作为开放的"中国式生活体验区"，成为年轻人的打卡之地
政府行为	政治元素	北京坊的建设紧紧围绕首都文化中心、国际交往中心定位进行城市建设，实现"北京坊—首都核心区城市更新项目"
	政策引领	
创新能力	营销方式创新	北京坊致力于构建"中国式生活体验区"，通过文化、艺术、营销等创新，有机地融合传统风貌与现代生活，打造体验式消费模式，满足精神需求
	文化创新	
	艺术创新	
多元文化	引入国外多元文化	北京坊不仅看重对传统文化的传承，同时也侧重国际化，成为世界一流多元化文化体验中心
	国内多元文化融合	
公共关系活动	举办多元活动	北京坊定位是"中国式生活体验区"，主张消费者体验与参与，多样的文化艺术活动让消费者身处其中，感受北京坊的独特魅力
	参与社会活动	

3.5.6 北京坊商业街各时期演化特征分析

北京坊作为北京城市建设发展的重要一环，坚持首都核心区的跨界融合，在发展同时注重在业态规划中体现北京的城市定位。通过查阅资料和相关信息梳理北京坊不同演化时期的特征（见表3-13）。

表3-13　　　　　　　　　北京坊不同演化时期的特征

时期	形成前期	形成期	发展期
经营方式	①最早为"京师劝工陈列所"隶属于清政府商部，更新变成了商业综合体；②曾为"新新服装店"和"新新宾馆"	①2017年，北京坊建筑集群正式落成；②合伙经营方式，主张文化商业融合，建设文化体验区	①主张打造首家家传文化体验中心；②品牌全部主力店化。与品牌方达成共识，携手打造体验式零售店铺
经营范围	集百货、餐饮、娱乐和演为一身的便民商品采购娱乐街区	主要是展馆、书店、文创等商业形态，不做纯商业楼宇	品牌全部主力店化，举办特色文化活动、构建公共艺术平台
经营特色	便民商品采购娱乐区，不断修改经营形式用于服务大众生活	中国艺术文化和国际多元文化艺术体验街区，发扬民族文化特色	引入新生活、体验式的业态，品牌具有"全球唯一"或"首店"的共同属性
街区功能	服务于周边居民生活	旅游功能不断提升	中国生活式体验区
关键影响因素	区位优势、政府行为	区位优势、政府行为、多元文化	区位优势、政府行为、多元文化、公共关系活动、创新能力

3.6　关键因素分析

通过梳理前门大街、大栅栏商业街、北京坊不同演化时期的特征可以发现区位优势、政府行为、多元文化、创新能力、公共关系活动是显著影响世界一线城市历史文化商业街区演化的关键因素。

3.6.1　区位优势

地理位置对历史文化商业街区的兴起和发展有着重要的影响。北京作为祖国的"心脏"，每年游客络绎不绝，位于京城中轴线上的前门大街是位于北京中心的商业街，前来天安门的游客绝大多数都会到前门大街走走，这为街区带来许多客流。先天的区位优势给前门大街带来发展的基础，不仅带动前门大街的经济发展，同时也带动其向旅游职能的转变。北京前门街区以前门大街为中心，向东西两侧辐射，也为大栅栏商业街和北京坊带来源源不断的客流。

大栅栏商业街与前门大街紧密相连，是众多游客到北京旅游的必去之处，街上的老字号门店和逐渐开放、多元的街区特色，吸引不少国内外游客前来观光旅游，周边的地铁线路更是为游客的出行提供了方便。

北京坊位于前门大街西侧，东至珠宝市街，西至煤市街，共3.3万平方米的占地面积，整体呈现为"一主街、三广场、多胡同"的空间格局，独特的建筑风格和空间设计，吸引了不少来前门大街游玩的游客。作为北京二环内唯一一个开放的"中国式生活体验区"，规划了文化艺术展演空间、文化生活、国际生活、慢享空间四个空间分区，成为年轻人的打卡之地。

3.6.2 政府行为

在城市发展初期，历史文化商业街区的职能比较单一，只为单纯满足人们的日常生活需要。随着城市的发展，政府逐步意识到历史文化商业街区是城市经营的一笔宝贵财富，并开始成为历史文化商业街区的演进的重要影响因素。

2003年，在《前门地区修缮整治总体规划方案》的指导下，前门大街开始进行整改。同年1月25日，"北京市前门地区保护、整治和发展（国际）规划设计方案征集暨新闻发布会"的召开，为前门大街带来全新动力。此外，政企合作也是影响前门大街的关键因素。为帮助前门大街进行整改，崇文区人民政府与SOHO中国建立合作，前门改造项目迅速推进。借着2008年北京奥运会来临之际，邀请16位专家花费4年时间对方案先后进行32次评议、论证和修改，为前门大街带来全新布局和设计。

2011年，在西城区人民政府指导下"大栅栏更新计划"正式启动，由政府主导着手对大栅栏商业街进行改造，解决改善民生的需求，解决部分有需要居民的外迁补偿安置，引导街区修整，疏解北京的非首都职能，着手帮助恢复发展大栅栏商业街。

北京坊自筹备建设以来备受政府关注，紧紧围绕首都文化中心、国际交往中心定位进行城市建设，实现"北京坊—首都核心区城市更新项目"，致力于开展多重文化体验项目和国际交流会议，在政府部门的关注下快速成长。此外，北京坊紧跟国家发展战略，主打"文化、体验、特色"，是北京具有大栅栏文化特色的创意产业、休闲及旅游产业、特色商业相融合的文化创意聚集区和传统文化体验区。在业态规划中体现了北京的城市定位，承担了首都文化推广的重要功能。政府行为推动了历史文化商业街区的发展进程，是推动历史文化商业街区演化的关键因素。

3.6.3　多元文化

多元文化赋予历史文化商业街区独特的魅力。根据对案例的分析，发现三条商业街在其演化过程中，多元文化影响着其发展，主要体现在本土文化传承、多元文化交流等方面。

前门大街最具代表性和灵动性的文化元素就是街区的老字号，如全聚德、瑞蚨祥、谦祥益等。这些老字号经过几百年的发展，形成了特色的"老北京"文化，很多游客慕名而来，推动街区商业化和旅游职能的发展。另外，北京作为世界一线城市，是对外交往、促进各国文化交流的窗口。民国时期，前门大街的店铺形成了多重装修风格，丰富的商品种类，多样化的经营方式。至2008年开始改造之时，许多国际化品牌都出现在前门大街的中心街道，呈现出中西文化的融合和碰撞。2014年前后，杜莎夫人蜡像馆、奇思妙想博物馆进驻前门大街，主张"国际化体验式消费"，不仅提升了前门大街的商业内容，更彰显其文化包容性。

大栅栏商业街是我国京剧文化荟萃之地和北京第一所电影院——大观楼影城的所在地，街上保留着老字号的旧址和店铺，彰显了整个街区的文化底蕴。随着中西文化的碰撞，大栅栏商业街也开始注入西洋文化，建筑风格也体现出西洋化，出现了许多中西合璧的店铺，文化传承与融合的街区功能开始显现。随着大栅栏商业街整改计划的进行，来自世界各地的游客和文化活动也越来越多。2019年，大栅栏商业街举办了国际城市媒体北京论坛。巴西、古巴等12个国家代表前来参与活动，旨在推进中外媒体互通互鉴、合作共赢，展示出大栅栏商业街进入接纳多元文化、参与多元文化交流的行列。

北京坊在设计风格上保留了民国时期的多元文化风格，彰显着对历史建筑遗产的传承。2019年提出打造首家家传文化体验中心，发扬文化特色，体现北京坊的文化引领性和独特的文化风格与价值。如此一来，北京坊具有了文化传播的巨大动能。除此以外，北京坊与众多国家级合作方在这里上演了500余场重量级的艺术、设计等活动。北京坊不仅看重对传统文化的传承，同时也侧重国际化，致力于成为世界一流多元化文化体验中心。多元文化是历史文化商业街区不断更新发展的支柱。

3.6.4 创新能力

随着社会、经济、文化的不断进步，人们的消费方式也在改变，创新正在影响人们的生活。同样，历史文化商业街区的演进也离不开新时代创新元素的推动，在梳理三条商业街发展脉络时发现，创新能力促进街区的商业形态和经营方式发生改变。研究发现，三条商业街的创新主要体现在管理创新、技术创新、文化创新、营销创新方面。

在管理创新上，前门大街和大栅栏商业街在改造和重新定位过程中，企业作为合作者开始参与修整行列，并带来人才、设备、资金等方面的支持。前门大街在改造过程中尝试将运营和改造的权力交到企业手中，探索政企合作改造历史文化商业街区的新思路。另外，为了支持大栅栏商业街的更新计划，北京大栅栏投资有限责任公司邀请多位企业设计师为大栅栏地区开展建筑空间探索、街巷风貌保护等试点项目，为商业街的复兴注入新鲜血液。

在技术创新上，大栅栏社区范围内，设置了Wi-Fi探针、摄像头、红外热感计数器、磁感应线圈等设备，通过大栅栏大数据体系，利用城市象限的可视化方案，提升街区功能，活化街区。北京坊联合华为公司实现了数字化运营，借助华为公司的河图技术和5G技术，建设智慧型街区。基于5G连接和华为河图平台的四大核心技术，打造了全球首个商用室内室外融合定位与3D实景步行导航功能。展现了北京坊在创新层面的新举措，提高消费者对北京坊的体验感，更好地展现了北京坊的特色。

在文化创新上，为更好地展现街区文化魅力，保护传承文化遗产，至2015年7月，已有来自国内外的200多个非遗项目确定进驻前门大街的非遗园。前门大街着力打造集文化旅游、演艺、会展于一身的文化产业集群，一批中国非物质文化遗产传人率先入驻非遗园，并引进了国际上最具代表性的非物质文化遗产项目。大栅栏商业街以社区图书馆的方式不定期举办面向附近居民的文化主题活动，打造独一无二的社区公益文化便利店。营造了多元、共享的街区特色，为老城居民带来全新的文化体验。

在营销创新上，北京坊引入新生活、体验式的业态和品牌，携手打造零售体验化。拉开了整个北京前门街区的新零售业态，通过引进品牌体验店，通过微博、小红书、抖音、B站等社交平台为北京坊带来较大传播量。借助微信、旅游App、美团等工具，将北京坊的商家门店搬到线上，让更多的人了解和走进北京前门街区，体验多重文化品牌门店。通过新零售的方式进行升级改造，线上线下完美结合，为北京前门街区的发展注入新动力。

3.6.5 公共关系活动

开展和参与公共关系活动是大栅栏商业街和北京坊突出的关键影响因素，并为两条商业街的发展产生了一定的影响。大栅栏商业街依托2011年启动的"大栅栏更新计划"，形成以北京大栅栏投资有限责任公司为区域保护与复兴实施主体，创新实践政府主导、市场化运作的基于微循环改造的旧城城市有机更新计划着力复兴街区。在此背景下开展多重街区公众活动，如艺术沙龙、采瓷坊文化体验、大栅栏生活节等。通过各项活动的开展，围绕街区保护与复兴、街区空间改造和智慧升级，吸引接纳街区居民以及各方资源参与其中，为街区复兴和发展献计献策。实现新场景的拓宽，在尊重老街区肌理的前提下，通过设计的力量引入新业态，共同带动街区复兴与文化更新。

北京坊作为新型"中国生活式体验区"，消费者参与和体验是核心，北京坊借助开展和参与多重公共关系活动，创新文化和艺术表现形式，融入科技元素，为消费者带来全新的体验。北京坊借助曼联梦剧场、次世代潮流艺术季、盛夏城市生活节等新兴文化艺术活动，结合国际优秀文化品牌，打造国际交往平台。与消费者建立起良性互动，打造出了一种多元文化交互、互动多样的体验式场景，与品牌店铺、消费者建立友好联系，为街区发展与创新提供动力。

4 世界一线城市历史文化商业街区评价指标体系构建与应用研究

4.1 引言

　　世界一线城市是指在全球政治、经济等社会活动中发挥主导作用，能够辐射和带动发展的大都市。全球著名的评级机构 GaWC 发布的 2020 年《世界城市名册》中，中国的香港、上海、北京、广州、台北、深圳入选世界一线城市。历史文化商业街区是经济、社会、文化、历史、城市文脉、场所感和建筑等价值的集合，是一个城市不可复制的重要资产。历史文化商业街区丰富了城市内涵，它对提升城市形象、增强城市吸引力、提高城市品位和竞争力具有重要作用，然而国内许多历史文化商业街区未能有效地发挥其应有的整体价值。因此如何有效开发和利用好历史文化商业街区这一重要的城市资产，是值得社会各界认真探讨的重要课题。

　　赖阳、黄爱光（2013）认为世界著名商业街是经过长期的历史发展，在全球范围内被广泛认知并对消费文化产生引领作用的商业街。我国当前还缺乏广为人知的世界著名商业街，国内世界一线城市历史文化商业街区转型提升也缺乏成功的范例可供借鉴。北京前门街区是历史形成的城市文化空间，在历经重大空间变革后，迎来了城市文化空间的当代性重塑。北京前门街区的改造和城市文化空间的重塑不仅是新时期前门地区"空间变革"的开端，更是北京前门街区新时期发展路径的渐进探索。前门大街是北京市历史最悠久的商业街，但重塑与再生后的前门大街，其城市空间一再经历功能意义上的转型，争议不断。

　　习近平总书记在首都考察工作时强调：历史文化是城市的灵魂，要像爱惜自己的生命一样保护好城市历史文化遗产。北京坊是加强历史文化遗产保护的一个缩影，是落实习近平总书记视察北京时重要讲话精神的典范之作，拥有众多历史遗存的胡同小巷贯穿其中（赖阳、王春娟，2018）。北京坊作为北京的城市封面，承担着首都功能，在当今前门历史文化商业街区中有着举足轻重的地位。北京作为世界一线城市，如何定位和建设首都核心功能区的历史文化商业街区，需要多维思考。

4.2 文献回顾

4.2.1 流通软实力的研究现状

国外对软实力的研究最早始于约瑟夫·奈（Joseph Nye）1990年发表的文章《软实力》（"Soft Power"）。进入20世纪后，开始侧重于以文化为重点，提升国家综合实力的软实力研究。赖阳、黄爱光（2013）认为流通软实力主要通过先导产业的引擎力、产业资源的整合力、商业模式的示范力、消费服务的品质力四个方面发挥作用。王成荣（2014）认为流通软实力理论是一个知识熵很高的边缘性理论，应从多角度去分析。周佳（2014）认为通过信用力、服务力、品牌力、引导力、创新力的提升，可形成北京商贸流通业独特的竞争优势。石芸、潘虹尧（2015）通过比较纽约、巴黎、东京、伦敦与北京五座城市的流通软实力，得出北京流通软实力和世界流通软实力水平较接近，但仍然有一定的差距的结论。

4.2.2 商业街评价体系的研究

唐幼纯、马海林（2002）从街区商业信誉、街区服务、街区和商店环境4个方面构建了商业街形象评价指标体系。冯四清（2004）将商业街的评价系统分为七个因子。肖月强、黄萍、陈杨林（2011）构建了城市特色商业街评价指标和分类标准。洪增林、史新峰（2012）构建了具有普适价值的综合型商业街评价指标体系。赖阳、黄爱光（2013）尝试用客观数值指标构建世界著名商业街评测指标体系。郭紫红（2014）运用层次分析法构建了特色商业街评价模型。吴军、葛碧霄（2016）根据步行商业街景观的要素构成和景观目标，通过运用层次分析法对天津市和平路—滨江道步行商业街景观进行评价。

综上所述，学界还没有综合考虑世界一线城市著名商业街的核心特征、流通软实力和AHP-模糊综合评价法，构建世界一线城市历史文化商业街区评价指标体系与应用的相关研究。

4.3　评价指标体系构建与评价方法

4.3.1　构建原则

1.科学性原则

历史文化商业街区评价指标的概念要清晰，指标体系应客观反映各子指标间的相互关系，不能把相互冲突的指标放在同一体系内。

2.综合性原则

世界一线城市在生产、服务、金融、创新、流通等全球活动中起到引领和辐射等主导功能。历史文化商业街区作为商品流通的重要渠道和城市空间的重要组成部分，对城市商贸的发展具有重要意义。流通软实力对一个地区的国民经济和社会发展具有重要的影响，与历史文化商业街区的购物环境、文化底蕴、商业模式、业态等多方面都息息相关。商业模式的示范力是流通软实力的重要表现，即在模式的创新和进化上，代表国际最高发展水平。应从多层面、多视角对历史文化商业街区流通软实力进行综合评价。

3.核心性原则

单指标或多指标的组合要能体现世界一线城市著名历史文化商业街区的核心特点，也就是评价指标可以代表世界一线城市著名历史文化商业街区的核心特征。从世界一线城市著名历史文化商业街区，如英国伦敦牛津街、美国纽约第五大道、法国巴黎香榭丽舍大道和日本东京银座大街来看，世界一线城市著名历史文化商业街区具备的核心特征主要体现在历史悠久、文化传承、影响广泛、模式引领、全球引力、经营高效、优良的消费品质、交通可达性、设施便利和环境舒适等方面。

4.3.2　指标体系

本文依据评价指标体系构建原则，构建了世界一线城市历史文化商业街区评价指标体系（见表4–1），一级指标包括形象（文化）营造类指标（A1）、商业运作类指标（A2）和环境支撑类指标（A3）。

1.形象（文化）营造类指标（A1）

形象（文化）营造是历史文化商业街区建设的重要内容，要体现文化资源的异质性。形象（文化）营造类指标包括历史文化传承类指标和文化传播类指标，具体包括历史悠久、文化传承、文化影响力、文化传播效果。

2.商业运作类指标（A2）

商业运作要素定位为谁提供服务和定义功能，即提供什么服务的问题。商业运作要素是衡量影响历史文化商业街区集客能力的商业性因素，商业运作类指标包括商业模式示范力指标、商业定位和多样性类指标、数量类指标、店面格局和服务品质类指标。具体包括模式引领、全球引力、经营高效、商业定位、业种业态的多元化、功能完备性、核心店铺、老字号店铺、店面格局及设计风格、服务品质。

3.环境支撑类指标（A3）

环境支撑类要素要解决构建合适的环境以支持所做的选择，即如何提供服务。环境支撑类指标包括建筑景观类指标、交通设施类指标、街区环境类指标、政府服务类指标，具体包括建筑风格、内部交通设施、外部交通设施、街区卫生、街区管理、政府政策支持等。

表4–1　　　世界一线城市历史文化商业街区评价指标体系

一级指标	二级指标	序号	三级指标	三级指标解释
形象（文化）营造类指标 A1	历史文化传承类指标B11	C111	历史悠久	世界著名历史文化商业街区是在历史长河中慢慢形成的，悠久的历史文化积淀是历史文化商业街区的灵魂，指标主要包括历史断代和多年代
		C112	文化传承	指标主要包括文化遗迹、历史遗迹、文化资源异质性、文化氛围、文化与商业融合

一级指标	二级指标	序号	三级指标	三级指标解释
形象（文化）营造类指标A1	文化传播类指标B12	C121	文化影响力	世界著名历史文化商业街区是城市乃至国家形象的名片，指标主要包括街区知名度与美誉度，特色文化吸引力，城市名片的作用
		C122	文化传播效果	通过整合平面媒体、广播电视媒体和新媒体等传播形式，展会、论坛、节庆等活动，塑造历史文化商业街区的独特文化，提升历史文化商业街区的独特价值
商业运作类指标A2	商业模式示范力指标B22	C221	模式引领	模式引领是流通软实力的重要表现，在模式创新上应代表国际最高发展水平
		C222	全球引力	指标主要包括消费品牌数量、全球化零售商数量
		C223	经营高效	指标主要包括历史文化商业街区租金
	商业定位和多样性类指标B23	C231	商业定位	对历史文化商业街区进行准确定位，才能达到最大的商业目的，赢得消费者的青睐。历史文化商业街区定位关系到后期招商策略，是聚集商气和人气的关键
		C232	业种业态的多元化	历史文化商业街区店铺业种、业态
		C233	功能完备性	不仅要满足消费者购物需求，还要满足消费者多方位的消费体验
	数量类指标B24	C241	核心店铺	历史文化商业街区内的主力店的数量
		C242	老字号店铺	历史文化商业街区内开设历史悠久、世代传承的店铺的数量
	店面格局和服务品质类指标B25	C251	店面格局及设计风格	历史文化商业街区商户的格局设计和货品的陈设情况
		C252	服务品质	历史文化商业街区商户服务品质、服务速度和服务监督等

续表

一级指标	二级指标	序号	三级指标	三级指标解释
环境支撑类指标A3	建筑景观类指标B31	C311	建筑风格	历史文化商业街区和街区内各店铺建筑所呈现的思想性和艺术特点
		C312	街区的绿化和美化	历史文化商业街区的园艺景观和雕塑景观等
	交通设施类指标B32	C321	内部交通设施	消费者在历史文化商业街区购物的便利性,主要包括道路曲折度、行人流线、景观结合度以及无障碍设计等
		C322	外部交通设施	历史文化商业街区交通的多样性和便捷性
	街区环境类指标B33	C331	街区卫生	店铺、街道、建筑物外立面、公共设施保洁和维护等
		C332	街区安全	商户、居民和消费者的人身财产安全保障
		C333	便民设施	历史文化商业街区设置的休息座椅、信息指示牌、残疾人专用设施等
		C334	安全设施	历史文化商业街区设置的安全监控系统、警卫设施和消防器材
		C335	信息化、智能化设施	历史文化商业街区信息化、智能化装置或设备
	政府服务类指标B34	C341	街区管理	对历史文化商业街区各种活动的组织协调能力和对行政事务的反应能力
		C342	公共服务	对居民、消费者和商户所遇问题的快速响应能力
		C343	政府政策支持	政府政策对历史文化商业街区的支持力度

4.3.3　评价方法

层次分析法（AHP）多用于方案的对比与选择，尤其是因素权重的确定，但该方法并不涉及目标的选择问题。模糊综合评价法能对多模糊因素作出较为科学的量化评价，但其因素权重矢量的确定主观性较强。本书选择AHP–模糊综合评价法（Fuzzy Evaluation Method）对北京前门街区进行定量评价。

4.4　应用研究

4.4.1　应用研究对象

本书应用以上构建的世界一线城市历史文化商业街区评价指标体系，选取北京前门街区具有代表性的三条商业街加以实证研究，具体包括前门大街、大栅栏商业街和北京坊。

1.前门大街

前门大街位于北京中轴线上，北起前门月亮湾，南至天桥路口。

2.大栅栏商业街

原名廊坊四条，东起前门大街，西至煤市街，它是北京著名的传统商业街。

3.北京坊

位于正阳门外，中轴线以西。东至珠宝市街，西至煤市街，南至廊房二条，北至西河沿街。

4.4.2　指标权重

本书运用yaahp软件建立AHP模型，如图4-1所示。邀请5位历史文化商业街区研究资深专家，对指标体系中各指标的权重进行分析和打分，然后将数据输入软件中，构建判断矩阵进行计算，并验证矩阵的一致性，CR均小于0.1，通过一致性检验，最终指标权重如表4-2所示。

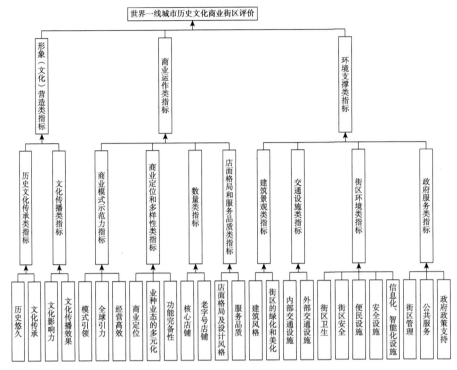

图4-1 世界一线城市历史文化商业街区AHP模型

表4-2 世界一线城市历史文化商业街区指标权重统计结果

一级指标	权重	二级指标	权重	三级指标	权重
形象（文化）营造类指标 A1	0.2531	历史文化传承类指标B11	0.1308	历史悠久C111	0.0676
				文化传承C112	0.0632
		文化传播类指标B12	0.1223	文化影响力C121	0.0754
				文化传播效果C122	0.0469
商业运作类指标A2	0.4619	商业模式示范力指标B22	0.1561	模式引领C221	0.0658
				全球引力C222	0.0486
				经营高效C223	0.0417

续表

一级指标	权重	二级指标	权重	三级指标	权重
商业运作类指标A2	0.4619	商业定位和多样性类指标B23	0.1429	商业定位C231	0.0629
				业种业态的多元化C232	0.0400
				功能完备性C233	0.0400
		数量类指标B24	0.0812	核心店铺C241	0.0420
				老字号店铺C242	0.0392
		店面格局和服务品质类指标B25	0.0817	店面格局及设计风格C251	0.0449
				服务品质C252	0.0368
环境支撑类指标A3	0.2848	建筑景观类指标B31	0.0898	建筑风格C311	0.0449
				街区的绿化和美化C312	0.0449
		交通设施类指标B32	0.0722	内部交通设施C321	0.0397
				外部交通设施C322	0.0325
		街区环境类指标B33	0.0633	街区卫生C331	0.0101
				街区安全C332	0.0171
				便民设施C333	0.0133
				安全设施C334	0.0138
				信息化、智能化设施C335	0.0090
		政府服务类指标B34	0.0595	街区管理C341	0.0257
				公共服务C342	0.0212
				政府政策支持C343	0.0126

4.4.3　模糊综合评价

确定评语集 $V=\{V_1，V_2，\cdots，V_5\}$={合理，较合理，一般，较不合理，不合理}，分数集为 S，对应的分值分别是100，80，60，40，20。设前门商业街评价结果为 $P_{前门}$，大栅栏商业街为 $P_{大栅栏}$，北京坊商业街为 $P_{北京坊}$。

本书在所构建的历史文化商业街区评价体系指标中，根据指标性质的不同，在模糊综合评价中采用了专家打分及消费者问卷两种方式确定指标的隶属度。商业模式示范力指标、商业定位和多样性类指标、文化传播类指标、历史文化传承类指标、数量类指标、政府服务类指标的指标隶属度由专家打分而来。历史文化商业街区的环境情况、交通设施情况，消费者是最能感知的，因此相关指标隶属度来源于消费者问卷。消费者问卷发放时间为2021年3月11日至25日，通过问卷星发放问卷，回收有效问卷179份，请消费者对历史文化商业街区的环境情况、交通设施情况进行评价。

北京坊商业街评价的计算过程如下。

单因素模糊评价矩阵：

$$R_{B11}=\begin{pmatrix} 0 & 0.6 & 0.4 & 0 & 0 \\ 0 & 0.4 & 0.6 & 0 & 0 \end{pmatrix}$$

$$R_{B12}=\begin{pmatrix} 0.4 & 0.2 & 0.2 & 0.2 & 0 \\ 0.4 & 0.4 & 0.2 & 0 & 0 \end{pmatrix}$$

$$R_{B22}=\begin{pmatrix} 0.8 & 0.2 & 0 & 0 & 0 \\ 0 & 0.6 & 0 & 0.4 & 0 \\ 0.2 & 0.2 & 0.4 & 0.2 & 0 \end{pmatrix}$$

$$R_{B23}=\begin{pmatrix} 1 & 0 & 0 & 0 & 0 \\ 0 & 0.8 & 0.2 & 0 & 0 \\ 0 & 0.6 & 0.2 & 0.2 & 0 \end{pmatrix}$$

$$R_{B24}=\begin{pmatrix} 0.4 & 0.2 & 0.4 & 0 & 0 \\ 0 & 0 & 0.8 & 0.2 & 0 \end{pmatrix}$$

$$\boldsymbol{R}_{B25} = \begin{pmatrix} 0.510 & 0.305 & 0.141 & 0.037 & 0.007 \\ 0.022 & 0.778 & 0.156 & 0.03 & 0.015 \end{pmatrix}$$

$$\boldsymbol{R}_{B31} = \begin{pmatrix} 0.547 & 0.283 & 0.089 & 0.052 & 0.03 \\ 0.067 & 0.613 & 0.298 & 0.015 & 0.007 \end{pmatrix}$$

$$\boldsymbol{R}_{B32} = \begin{pmatrix} 0.059 & 0.290 & 0.471 & 0.164 & 0.015 \\ 0.119 & 0.456 & 0.261 & 0.150 & 0.015 \end{pmatrix}$$

$$\boldsymbol{R}_{B33} = \begin{pmatrix} 0.441 & 0.447 & 0.096 & 0.007 & 0.007 \\ 0.606 & 0.268 & 0.111 & 0.007 & 0.007 \\ 0.044 & 0.381 & 0.523 & 0.037 & 0.015 \\ 0.059 & 0.523 & 0.126 & 0.03 & 0.022 \\ 0.052 & 0.650 & 0.261 & 0.022 & 0.015 \end{pmatrix}$$

$$\boldsymbol{R}_{B34} = \begin{pmatrix} 0.2 & 0.8 & 0 & 0 & 0 \\ 0 & 0.4 & 0.6 & 0 & 0 \\ 0 & 0.6 & 0.4 & 0 & 0 \end{pmatrix}$$

二级模糊评价结果如下：

$\boldsymbol{B}_{11} = \boldsymbol{W}_{B11} \times \boldsymbol{R}_{B11} = \begin{pmatrix} 0 & 0.06584 & 0.06496 & 0 & 0 \end{pmatrix}$

$\boldsymbol{B}_{12} = \boldsymbol{W}_{B12} \times \boldsymbol{R}_{B12} = \begin{pmatrix} 0.04892 & 0.03384 & 0.02446 & 0.01508 & 0 \end{pmatrix}$

$\boldsymbol{B}_{22} = \boldsymbol{W}_{B22} \times \boldsymbol{R}_{B22} = \begin{pmatrix} 0.06098 & 0.05066 & 0.01668 & 0.02778 & 0 \end{pmatrix}$

$\boldsymbol{B}_{23} = \boldsymbol{W}_{B23} \times \boldsymbol{R}_{B23} = \begin{pmatrix} 0.0629 & 0.056 & 0.016 & 0.008 & 0 \end{pmatrix}$

$\boldsymbol{B}_{24} = \boldsymbol{W}_{B24} \times \boldsymbol{R}_{B24} = \begin{pmatrix} 0.0168 & 0.0084 & 0.04816 & 0.00784 & 0 \end{pmatrix}$

$\boldsymbol{B}_{25} = \boldsymbol{W}_{B25} \times \boldsymbol{R}_{B25} = \begin{pmatrix} 0.02371 & 0.04232 & 0.01207 & 0.00277 & 0.00087 \end{pmatrix}$

$\boldsymbol{B}_{31} = \boldsymbol{W}_{B31} \times \boldsymbol{R}_{B31} = \begin{pmatrix} 0.02757 & 0.04023 & 0.01738 & 0.00301 & 0.00166 \end{pmatrix}$

$\boldsymbol{B}_{32} = \boldsymbol{W}_{B32} \times \boldsymbol{R}_{B32} = \begin{pmatrix} 0.00621 & 0.02633 & 0.02718 & 0.01139 & 0.00123 \end{pmatrix}$

$\boldsymbol{B}_{33} = \boldsymbol{W}_{B33} \times \boldsymbol{R}_{B33} = \begin{pmatrix} 0.01668 & 0.02723 & 0.01391 & 0.00129 & 0.00083 \end{pmatrix}$

$\boldsymbol{B}_{34} = \boldsymbol{W}_{B34} \times \boldsymbol{R}_{B34} = \begin{pmatrix} 0.00514 & 0.0366 & 0.01776 & 0 & 0 \end{pmatrix}$

最终评价结果：

$$P = B \times S = \begin{pmatrix} 0 & 0.06584 & 0.06496 & 0 & 0 \\ 0.04892 & 0.03384 & 0.02446 & 0.01508 & 0 \\ 0.06098 & 0.05066 & 0.01668 & 0.02778 & 0 \\ 0.0629 & 0.056 & 0.016 & 0.008 & 0 \\ 0.0168 & 0.0084 & 0.04816 & 0.00784 & 0 \\ 0.02371 & 0.04232 & 0.01207 & 0.00277 & 0.00087 \\ 0.02757 & 0.04023 & 0.01738 & 0.00301 & 0.00166 \\ 0.00621 & 0.02633 & 0.02718 & 0.01139 & 0.00123 \\ 0.01668 & 0.02723 & 0.01391 & 0.00129 & 0.00083 \\ 0.00514 & 0.0366 & 0.01776 & 0 & 0 \end{pmatrix} \times \begin{pmatrix} 100 \\ 80 \\ 60 \\ 40 \\ 20 \end{pmatrix} = \begin{pmatrix} 9.1648 \\ 9.6700 \\ 12.2628 \\ 12.0500 \\ 5.5550 \\ 6.6090 \\ 7.1718 \\ 4.8384 \\ 4.5364 \\ 4.5076 \end{pmatrix}$$

$$P_{\text{北京坊}} = \begin{pmatrix} 1 & 1 & 1 & 1 & 1 & 1 & 1 & 1 & 1 & 1 \end{pmatrix} \times \begin{pmatrix} 9.1648 \\ 9.6700 \\ 12.2628 \\ 12.0500 \\ 5.5550 \\ 6.6090 \\ 7.1718 \\ 4.8384 \\ 4.5364 \\ 4.5076 \end{pmatrix} = 76.3658$$

同理可计算出前门大街和大栅栏商业街的模糊综合评价结果分别是 75.9175 和 73.4590。北京前门街区 AHP-模糊综合评价结果如表 4-3 所示。

表 4-3　　　　　　　　北京前门街区 AHP-模糊综合评价结果

指标	前门大街	大栅栏商业街	北京坊
第 1 准则层			
形象（文化）营造类指标	91.62222	91.17111	74.41667
商业运作类指标	65.65584	68.68165	78.95411
环境支撑类指标	78.53169	65.42437	73.90032

指标	前门大街	大栅栏商业街	北京坊
第2准则层			
历史文化传承类指标	96.13333	96.13333	70.06667
文化传播类指标	86.80000	85.86667	79.06667
商业模式示范力指标	61.59318	58.48825	78.55976
商业定位和多样性类指标	62.88000	72.64000	84.32000
数量类指标	75.46667	85.66667	68.41133
店面格局和服务品质类指标	68.60289	64.43718	80.89351
建筑景观类指标	80.47213	65.65000	79.86414
交通设施类指标	73.52147	61.97415	67.01385
街区环境类指标	79.47755	68.09705	71.66509
政府服务类指标	80.80843	66.53706	75.76023
评价结果	75.9175	73.4590	76.3658

4.4.4 结果分析

1.AHP权重结果分析

对比3项一级指标（见表4-2），权重最大的是商业运作类指标（A2），权重为0.4619，商业运作要素是衡量影响历史文化商业街区集客能力的商业性因素，历史文化商业街区首先要体现街区的定位和属性，所以商业运作类指标权重最大是符合实际的。在10项二级指标中，权重排在前面的分别是商业模式示范力指标（B22）、商业定位和多样性类指标（B23）、历史文化传承类指标（B11）、文化传播类指标（B12）、建筑景观类指标（B31）。这些指标是历史文化商业街区竞争力的重要指标，其中作为世界一线城市历史文化商业街区，商业模式示范力指标（B22）、商业定位和多样性类指标（B23）、历史文化传承类等指标（B11）显得尤其重要。在26项三级指标中，权重排在前面的分别是文化影响力（C121）、历史悠久（C111）、模式引领（C221）、文化传承（C112）、商业定位（C231），这进一步说明世界一线城市历史文化商业街区重要的特征体现在文化影响力和历史底蕴，模式引领和商业定位。综上所述，历史文化商业街区评价指标AHP权重结果是科学合理的。

2.AHP–模糊综合评价结果分析

①从北京前门街区AHP–模糊综合评价结果来看（见表4–3），前门大街、大栅栏商业街和北京坊的评价结果分别是75.9175、73.4590和76.3658。

②从第1准则层分析，形象（文化）营造类指标表现最好的是前门大街（91.62222），其次是大栅栏商业街（91.17111），北京坊排在最后（74.41667）；商业运作类指标表现最好的是北京坊（78.95411），其次是大栅栏商业街（68.68165），前门大街排在最后（65.65584）；环境支撑类指标表现最好的是前门大街（78.53169），其次是北京坊（73.90032），大栅栏商业街排在最后（65.42437）。

③从第2准则层分析，前门大街、大栅栏商业街的历史文化传承类指标和文化传播类指标都优于北京坊；但北京坊的商业模式示范力指标、商业定位和多样性指标、店面格局和服务品质类指标都明显高于前门大街、大栅栏商业街；北京坊建筑景观类指标稍低于前门大街，但比大栅栏商业街要高；从交通设施类指标看，大栅栏商业街及北京坊还存在一些不足；前门大街的街区环境类指标、政府服务类指标排在前面；大栅栏商业街的数量类指标排在前面。

结果表明：①前门大街、大栅栏商业街和北京坊分值处于一般和较合理之间。北京坊综合评价结果虽已优于前门大街和大栅栏商业街，但优势目前并不显著。②前门大街是北京市历史最悠久的商业街，但重塑与再生后的前门大街，其城市空间一再经历功能意义上的转型，争议不断。主要原因是商业模式示范力指标、商业定位和多样性指标、店面格局和服务品质类指标失分太多。北京坊虽然2017年开街，但在前门大街失分的三大指标上却有不俗的表现。北京坊获得2020年"中国商业地产运营管理创新奖"，也从侧面说明北京坊在流通软实力——商业模式示范力指标上的不俗表现。结合大数据文本分析，由好评词云分析及评论内容可知，北京坊最受关注的核心店铺为PageOne书店、星巴克旗舰店、MUJI酒店这三大店铺，成为北京坊最受追捧的打卡之地，足可说明这三家核心店铺的影响力。③北京坊的历史文化传承类指标和文化传播类指标目前还处于一般和较合理之间，北京坊要成为北京的城市封面，承担首都功能，发展成一条具有文化积淀的商业街，就需要在历史文化传承和文化传播方面继续发力。发掘文化资源的独特性，不应仅通过老字号的建筑来维持其"文化内核"，应加大文化与商业融合，以特色文化吸引客群。通过整合平面媒体、广播电视媒体和新媒体等传播形式，展会、论坛、节庆等活动，塑造历史文化商业街区的独特文化，提升历史文化商业街区独特价值。通过科技赋能北京坊，零售体验场景化，实现科技与商业、文化的完美融合，打造智慧消费新生活，焕发历史文化商业街区的商业活力。

5 世界一线城市历史文化商业街区
顾客满意度影响因素分析

5.1 引言

历史文化商业街区是社会、经济、文化、城市文脉、历史和建筑等价值的集合体，是一个城市不可复制的重要资产。北京前门街区在历经重大空间变革后，迎来了城市文化空间的当代性重塑。北京前门街区的改造和前门城市文化空间的重塑是新时期前门地区"空间变革"的开端，更是北京前门街区新时期发展路径的渐进探索。

作为北京前门街区整体保护和有机更新的核心内容，北京坊的建设是落实习近平总书记视察北京时重要讲话精神的典范之作。北京坊作为北京的城市封面，在业态规划中必然体现北京的城市定位，承担首都功能。

北京坊位于北京城市中心，正阳门外，中轴线以西。一主街、三广场、多胡同，占地面积3.3万平方米，建筑面积14.6万平方米（袁媛，2021）。北京坊定位为"中国式生活体验区"（以中国文化为根的兼容其他文明和其他文化产品），作为前门商业复兴的领头羊，北京坊具有极特殊的地位和象征性。作为老城中心区的复兴案例，中国式生活方式的探索者，顾客是否愿意到北京坊打卡，对北京坊是否满意，哪些因素影响顾客的满意度，如何提升顾客满意度等问题是值得深入研究的课题。

5.2 文献回顾

5.2.1 顾客满意度研究

Cardozo（1965）首次在营销领域提出了顾客满意；Howard，Sheth（1969）认为顾客满意度是购买者对于其所付出受到合理或不合理的补偿所产生的一种心理认知状态；Day 和 Bodur（1977）将顾客满意度定义为一种由经验和评估产生的过程；Oliver（1980）从期望与效用视角出发，认为顾客满意度与其购买意向和态度相关；Churchill Jr，Surprenant（1982）指出顾客满意是一种购买结果。

5.2.2 国外经典顾客满意度指数模型研究

顾客满意度指数（CSI）是在期望不一致理论基础上发展起来的（Oliver，1980；Oliver，1981；Cadotte，Woodruff and Jenkins，1987；Oliver，1997），是一种对顾客满意状况的量化测评指标。

Fornell 提出了瑞典顾客满意度指数（SCSB）模型，它是指顾客对某一产品或者服务提供者迄今为止全部消费经历的整体评价（Johnson，Fornell，1991）。美国顾客满意度指数（ACSI）模型于 1994 年被提出，由 Fornell 等人在 SCSB 模型的基础上创建。与 SCSB 模型相比，ACSI 模型从三个方面测量感知质量：总体质量感知、是否满足了顾客的需求以及该需求的满足程度。欧洲管理基金会于 1999 年构建了欧洲顾客满意度指数（ECSI）模型，与前两者相比，该模型增加了企业形象这一潜变量，同时删减了顾客抱怨这一变量。

5.2.3 国内顾客满意度指数模型研究

中国顾客满意度指数（CCSI）模型以 ACSI 模型和 ECSI 模型为基础，去掉了顾客抱怨，增加了企业形象变量。针对不同行业的特性，可分为不同的模型。刘新燕等（2003）构建的顾客满意度指数模型继承了 ACSI 模型的一些核心概念和架构，同时也吸收了 ECSI 模型的一些创新之处，如去掉了顾客抱怨，加入了企业形象变量。梁燕（2003）在 CCSI 模型的基础上，去掉了顾客期望这一潜变量，引入了顾客关系变量，并提出企业形象直接对顾客忠诚有影响。

5.2.4　历史街区顾客满意度研究

国内历史文化商业街区顾客满意度研究可以归纳为以下几类。

①基于顾客满意度指数模型对历史文化商业街区进行的研究。朱竑、郭婷、南英（2009），以广州状元坊商业街区为例，基于ACSI模型进行改进和引申，该研究的二级测评指标（潜变量维度）与ACSI一致；钱树伟、苏勤、郑焕友（2010）基于"地方依恋"与ACSI模型基本理论，构建了顾客地方依恋与购物满意度之间的结构关系模型；叶小贝（2017）以杭州市清河坊街为例，借鉴ACSI理论，构建了历史文化街区游客满意度指数模型。

②对影响顾客满意度的因素进行因子分析。潘雅芳、陈爱妮（2015）以杭州为例，对历史文化街区游客体验满意度影响因素进行探索性和验证性因子分析；肖杨（2010）对王府井、西单、前门大街等进行探索性和验证性因子分析。

③蒋艳（2011）采用伯德和瑞赫博制订的休闲满意度量表，以杭州小河直街历史街区为例，对居民休闲满意度的动机因素进行分析，休闲动机因子由59个调整为16个。

④王亚辉、明庆忠、吴小伟（2013）运用IPA分析法对扬州东关街游客满意度进行了实证研究。

综上所述，现有文献对历史街区满意度指数模型研究相对较少，还没有对世界一线城市历史文化商业街区顾客满意度指数模型的研究。历史文化商业街区特色空间和业态是形成历史文化商业街区的主要差异点和竞争优势，具有提升顾客满意度和吸引客流的重要作用，现有历史文化商业街区顾客满意度指数模型构建研究还没有这方面的报道，也未见到对北京坊进行顾客满意度指数模型构建的研究。通过网络爬虫抓取大众点评网上对历史文化商业街区的用户评价数据，并结合描述性分析、文本分析深入了解顾客对历史文化商业街区的态度、评价以及关注点，无疑可以丰富历史文化商业街区顾客满意度指数模型的理论和实践研究。

5.3　历史文化商业街区顾客满意度指数模型研究假设

5.3.1　假设关系模型

本书借鉴国内外学者在CSI领域的理论与实践，从顾客满意度形成的过程出发，构建北京坊历史文化商业街区顾客满意度指数模型BJFCSI（BEIJING FUN Customer Satisfaction Index）。历史文化商业街区特色空间和业态是形成历史文化商业街区的主要差异点和竞争优势，具有提升顾客满意度和吸引客流的重要作用，故增加了"特色空间和业态"这一潜变量。借鉴欧洲ECSI和国内学者的"企业形象"这一概念，增加了"街区形象"这一潜变量。本书最终确定的历史文化商业街区顾客满意度指数模型由街区形象（Block Image，BI）、顾客期望（Customer Expectation，CE）、感知质量（Perceived Quality，PQ）、感知价值（Perceived Value，PV）、特色空间和业态（Unique Space and Unique Format，UU）、顾客满意（Customer Satisfaction，CS）、顾客忠诚（Customer Loyalty，CL）和顾客抱怨（Customer Complaint，CC）八个潜变量构成，如图5-1所示。

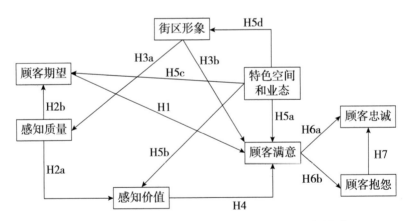

图5-1　北京坊历史文化商业街区顾客满意度指数模型

5.3.2　结构模型变量关系假设

结合上面对历史文化商业街区顾客满意度指数模型结构的分析，提出如下假设。

①H1：顾客期望对顾客满意有显著影响。

②H2a：感知质量对感知价值有显著影响；H2b：感知质量对顾客期望有显著影响。

③H3a：街区形象对感知质量有显著影响；H3b：街区形象对顾客满意有显著影响。

④H4：感知价值对顾客满意有显著影响。

⑤H5a：特色空间和业态对顾客满意有显著影响；H5b：特色空间和业态对感知价值有显著影响；H5c：特色空间和业态对顾客期望有显著影响；H5d：特色空间和业态对街区形象有显著影响。

⑥H6a：顾客满意对顾客忠诚有显著影响；H6b：顾客满意对顾客抱怨有显著影响。

⑦H7：顾客抱怨对顾客忠诚有显著影响。

5.4　研究设计

5.4.1　测量指标选取与问卷设计

测量指标选取参考CSI相关文献，1~7潜变量对应观测变量的选取主要参考了Singh、Wilkes、Oliver、汪侠等、朱竑等、钱树伟等、叶小贝的研究成果。潜变量8对应观测变量为本书作者依据北京坊极具代表性的特色空间和业态进行选取（见表5-1）。以测量指标为基础，设计结构式问卷，共分为九部分。第一部分为感知质量测量量表，设计了10个测量题项；第二部分为感知价值测量量表，设计了2个测量题项；第三部分为顾客期望测量量表，设计了2个测量题项；第四部分为顾客满意测量量表，设计了2个测量题项；第五部分为顾客忠诚测量量表，设计了2个测量题项；第六部分为顾客抱怨测量量表，设计了2个测量题项；第七部分为街区形象测量量表，设计了2个测量题项，第八部分为特色空间和业态测量量表，设计了7个测量题项；第九部分为顾客画像（人口统计学特征，设计了5个题项）。问卷前八部分采用李克特5级量表测量，得分越高表示越赞同该题项的描述。

表5-1　　　　　　　　　　　测量指标与参考来源

序号	潜变量	观测变量
1	感知质量	X1北京坊所售商品价格
		X2北京坊所售商品质量
		X3北京坊所售商品种类和品牌
		X4北京坊人员服务意识、态度、能力
		X5北京坊商业空间和业态布局
		X6北京坊休闲、娱乐、购物、餐饮等
		X7北京坊消防措施、娱乐措施等
		X8北京坊交通便利性
		X9北京坊的商业文化氛围
		X10北京坊整体的环境和卫生状况
2	感知价值	Y1您在接受北京坊服务的过程中，对北京坊的服务价格是否满意
		Y2您可接受的服务价格中，对北京坊提供的服务质量是否满意
3	顾客期望	X11来北京坊之前您的整体期望值
		X12来北京坊之前您觉得商业街区满足您消费需求的程度
4	顾客满意	Y3您对北京坊的整体满意程度
		Y4与期望中的商业街区相比，您对北京坊的满意程度
5	顾客忠诚	Y5您向他人或朋友推荐北京坊吗
		Y6您再次到访北京坊的可能程度
6	顾客抱怨	Y7您会向他人或朋友抱怨吗
		Y8您向有关部门投诉的可能程度
7	街区形象	X13北京坊商业街整体形象
		X14北京坊商业街中西结合特色
8	特色空间和业态	X15巴洛克风格建筑的百年劝业场：始建于1905年，位处北京坊核心，是北京坊标志性建筑。文化艺术展演空间，北京坊全球顶级品牌发声地
		X16PageOne书店：传递艺术与情怀，全球首家24小时旗舰店，集艺术展览、艺术活动、休闲体验于一体的生活方式书店
		X17古香古色的家传文化体验中心
		X18浪漫温馨的北平花园
		X19环境优雅的英园

序号	潜变量	观测变量
8	特色空间和业态	X20 MUJI酒店：全球第二家、北京首家日式简约型酒店，"内繁外简，有意藏拙"
		X21星巴克：中国首家多重体验式旗舰店，这是除了烘焙工厂外星巴克在全球的最大门店。从拓宽市场、放缓流程、堆积元素三方面放大消费者的消费体验

5.4.2　数据来源与样本描述

本书数据来自2019年10月"北京坊顾客满意度状况"问卷调查，采取抽样调查的方式，共发放问卷220份，剔除固定效应和填写不完整的问卷后，回收有效问卷204份（有效率92.73%），样本基本情况如表5-2所示。

表5-2　　　　　　　　　　　　　样本基本情况

变量	具体分类	频数（人次）	频率（%）	变量	具体分类	频数（人次）	频率（%）
性别	男	99	48.53	职业	国家机关、党群组织、企业、事业单位负责人	80	39.22
	女	105	51.47		专业技术人员	2	0.98
年龄	18岁以下	13	6.37		办事人员和有关人员	0	0.00
	18～30岁	94	46.08		企业工作人员	38	18.63
	31～40岁	84	41.18		生产人员	0	0.00
	41～50岁	11	5.39		学生	1	0.49
	51岁以上	2	0.98		军人	9	4.41
学历	高中及以下	8	3.92		其他	74	36.27
	大专	24	11.76	月收入	5000元以下	33	16.18
	本科	127	62.25		5000～10000元	56	27.45
	硕士	38	18.63		10001～15000元	78	38.24
	博士及以上	7	3.43		15001～20000元	26	12.75
					20000元以上	11	5.39

由表5-2可知,在有效样本中,男女比例较为均衡,男女比例为1:1.06,女性占51.47%。从年龄看,占比最高的是18~30岁(46.08%),其次为31~40岁(41.18%),两项合计占比为87.26%。受访者职业主要集中在国家机关、党群组织、企业、事业单位负责人,占比为39.22%,其次为企业工作人员,占比为18.63%。从学历看,占比最高的是本科生(62.25%),其次为硕士和大专生,本科及以上学历占比为84.31%。从受访者个人月收入水平看,10001~15000元占比最大,达到38.24%,15001~20000元的占比为12.75%。可以看出受调查者总体学历和薪资水平较高,间接反映出文化素养较高。顾客画像描述性分析表明:调查样本符合北京坊顾客的总体特征,样本具有一定的代表性。

5.5 结果分析

5.5.1 信度与效度检验

信度分析可以测量出顾客满意度的可靠程度,是研究数据内部一致性的一个方法。通过SPSS25.0软件进行可靠性分析,显示总体的Cronbach's Alpha系数为0.873 > 0.8,说明量表的可信度较高。对8个潜变量进行信度检验,发现感知质量、顾客期望、顾客忠诚、街区形象、特色空间和业态这5个潜变量的Cronbach's Alpha系数均在0.7以上(见表5-3),感知价值、顾客满意、顾客抱怨这3个潜变量的信度系数在0.6~0.7(见表5-3),为可以接受情况。总的来看,该量表具有较好的内在信度。效度上可进行KMO和Bartlett检验,结果显示,该量表的KMO统计量为0.844 > 0.7,Bartlett检验的近似卡方=2210.224,显著性为0.000 < 0.05的显著性水平,说明各个变量之间存在较高的相关性,量表结构效度较好。

表5-3 观测变量及其相关检验值

观测变量[a]	单项总和相关系数	p值[b]	误差方差	标准化因子负载	平均方差提取值(AVE)	组成信度值(CR)
感知质量ζ1					0.380	0.856

续表

观测变量[a]	单项总和相关系数	p值[b]	误差方差	标准化因子负载	平均方差提取值（AVE）	组成信度值（CR）
X1	0.711	***	0.089	0.754		
X2	0.637	***	0.078	0.701		
X3	0.476	***	0.081	0.503		
X4	0.619	***	0.088	0.650		
X5	0.500	***	0.079	0.503		
X6	0.578	***	0.078	0.544		
X7	0.602	***	0.089	0.594		
X8	0.546	***	0.087	0.528		
X9	0.562	***	0.082	0.674		
X10	0.597	***	0.087	0.595		
感知价值η1					0.492	0.659
Y1	0.601	***	0.135	0.691		
Y2	0.583	***	0.111	0.715		
顾客期望ζ2					0.551	0.709
X11	0.424	***	0.119	0.692		
X12	0.447	***	0.201	0.785		
顾客满意η2					0.444	0.612
Y3	0.533	***	0.210	0.724		
Y4	0.509	***	0.118	0.595		
顾客忠诚η3					0.588	0.741
Y5	0.368	***	0.222	0.781		
Y6	0.326	***	0.215	0.753		
顾客抱怨η4					0.493	0.656
Y7	0.402	***	0.211	0.612		
Y8	0.466	***	0.262	0.776		

续表

观测变量[a]	单项总和相关系数	p值[b]	误差方差	标准化因子负载	平均方差提取值（AVE）	组成信度值（CR）
街区形象ζ3					0.606	0.754
X13	0.458	***	0.109	0.734		
X14	0.496	***	0.140	0.835		
特色空间和业态ζ4					0.278	0.720
X15	0.610	***	0.179	0.636		
X16	0.521	***	0.115	0.550		
X17	0.476	***	0.098	0.442		
X18	0.468	***	0.111	0.443		
X19	0.444	***	0.108	0.405		
X20	0.519	***	0.098	0.521		
X21	0.556	***	0.120	0.588		

注：a.采用李克特5级量表法，以"非常反对~非常同意"分别对应1~5评估标度。

b.标识***表示$p<0.01$，显著相关；标识**表示$p<0.05$，显著相关；标识*表示$p<0.1$，显著相关；不带标识表示不相关。

5.5.2　模型验证分析

1.测量模型检验

测量模型检验分析的主要目的是检验观测变量是否能正确测量对应的潜变量，从而得出观测变量对潜变量的影响程度。本书通过Amos25.0软件及验证性因子分析法（CFA），利用Fornell和Lacker提出的测量模型评估的3个标准，即标准化因子负载、组成信度值（CR）和平均方差提取值（AVE），对测量模型进行验证分析。由表5-3可知，除了X17、X18、X19外，其余观测变量的标准化因子负载处于0.503~0.835，均大于0.5，p值均在1%置信水平下显著，具有强相关关系；测量变量中8个潜变量的组成信度值在0.612~0.856，基本符合要求，变量之间的内部一致性检验通过，测量模型具有较好的可靠性；平均方差提取值介于0.278～0.606，效果较差，观测变量对其所对应的潜变量解释能力不好，需要进行调整。

2.模型整体拟合度检验与修正

通过上述检验，可以衡量所提出的假设关系理论模型对样本数据的拟合程度，并通过检验结果对模型进行修正与拟合再检验，直到找到最合适的理论模型。常用的模型拟合度的检验指标主要包括卡方检验（χ^2/df）、拟合优度指数（GFI）、调整拟合优度指数（AGFI）、规范拟合指数（NFI）、不规范拟合指数（NNFI）、近似误差均方根（RMSEA）等。由表5-3可知，X17、X18、X19标准化因子负载均小于0.5，因此对初始测量模型M_A进行修正，删除X17、X18、X19后得到修正模型M_B，对修正模型M_B重复进行上述验证性因子分析，同时比较初始模型M_A和修正模型M_B（见表5-4）发现，M_B能够更好地拟合样本数据，有更好的拟合优度，因此选择M_B作为本次研究最终的测量模型。

表5-4　　　　　　　初始模型M_A与修正模型M_B拟合指数比较

拟合指标	χ^2/df	GFI	AGFI	NFI	NNFI	RMSEA	备注
模型 M_A	2.202	0.804	0.761	0.685	0.768	0.077	原始模型
模型 M_B	2.099	0.853	0.811	0.758	0.827	0.073	最终模型，删除 X17、X18、X19

5.5.3 结构模型检验

为了能够验证上文所述假设关系是否成立，本书需要通过结构模型检验分析进行判断。检验方法主要通过样本协方差矩阵运用最大似然法（ML）对结构方程模型中的路径系数进行参数估计。表5-5结果显示，除了H3b与H7的假设以外，其他各潜变量之间的路径系数均是显著的，因此可知所提出的其他假设关系基本成立。

假设H1在5%显著性水平下得到支持。顾客期望对顾客满意有显著的正向影响，路径系数为0.25，表明顾客期望是顾客满意的重要前提。

假设H2a和H2b分别在1%和5%显著性水平下得到支持。感知质量对感知价值和顾客期望影响的路径系数分别为0.73和0.21，表明感知质量对二者均有显著的正向影响，且对感知价值的影响最为显著，因此感知质量是感知价值的重要前提。

假设H3a在1%显著性水平下得到支持，而假设H3b未通过假设检验。街区形象对感知质量的路径系数为0.62，表明街区形象对其具有显著的正向影响。而街区形象对顾客满意的p值不显著，因此街区形象对顾客满意不存在显著影响。

假设H4在1%显著性水平下得到支持。感知价值对顾客满意具有显著的正向影响，其路径系数为0.34，表明二者之间存在正相关关系，即感知价值越高，顾客满意度越高。

假设H5a、H5b、H5c、H5d在1%显著性水平下均得到支持。特色空间和业态对顾客满意、感知价值、顾客期望和街区形象均具有显著的正向影响，其路径系数分别为0.48、0.22、0.41和0.46，表明特色空间和业态与四者均有显著的正相关关系，其中对顾客满意、顾客期望和街区形象的影响较大。

假设H6a和H6b均在1%的显著性水平下得到支持。顾客满意对顾客忠诚和顾客抱怨均有显著的影响，但对顾客忠诚是正向影响，对顾客抱怨是负向影响，路径系数分别为0.29和-0.46，这表明顾客满意对顾客抱怨的影响程度要高于对顾客忠诚的影响程度，反映出顾客在评价时更注重对较差体验的反馈，即放大较差感觉，缩小好评体验。

假设H7并未通过假设检验。顾客抱怨对顾客忠诚不存在显著的影响，但影响为负向则表明顾客抱怨对顾客忠诚有一定的负向调节作用，但这种作用不显著。最终的结构方程模型如图5-2所示。

表5-5　　　　　　　　　　假设关系模型验证结果

假设	影响路径	路径系数	z值	p值	验证结果
H1	顾客期望→顾客满意	0.25	2.23	**	支持
H2a	感知质量→感知价值	0.73	7.16	***	支持
H2b	感知质量→顾客期望	0.21	2.22	**	支持

续表

假设	影响路径	路径系数	z值	p值	验证结果
H3a	街区形象→感知质量	0.62	6.31	***	支持
H3b	街区形象→顾客满意	0.19	1.49	0.14	拒绝
H4	感知价值→顾客满意	0.34	2.63	***	支持
H5a	特色空间和业态→顾客满意	0.48	3.73	***	支持
H5b	特色空间和业态→感知价值	0.22	2.58	***	支持
H5c	特色空间和业态→顾客期望	0.41	3.73	***	支持
H5d	特色空间和业态→街区形象	0.46	3.73	***	支持
H6a	顾客满意→顾客忠诚	0.29	2.65	***	支持
H6b	顾客满意→顾客抱怨	−0.46	−3.73	***	支持
H7	顾客抱怨→顾客忠诚	−0.16	−1.44	0.15	拒绝

注：标识 *** 表示 $p<0.01$，显著相关；标识 ** 表示 $p<0.05$，显著相关；标识 * 表示 $p<0.1$，显著相关；不带标识表示不相关。

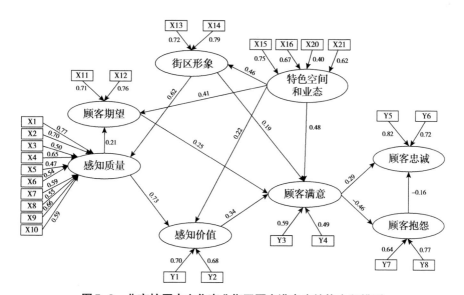

图5-2 北京坊历史文化商业街区顾客满意度结构方程模型

6 北京坊商家消费者关注点研究

——基于大众点评网用户评论分析

6.1 研究背景及目的

6.1.1 研究背景

北京坊的定位为"中国式生活体验区",其占地面积3.3万平方米,建筑面积14.6万平方米,可出租建筑面积8.8万平方米,设有650个车位。北京坊区块定位与规划分为四个方面:文化艺术展演空间、文化生活、国际生活、慢享空间。①北京坊是北京的城市封面,在业态规划中必然体现北京的城市定位,这正是项目能成为北京文化地标的基础。商业业态的科学选择与城市定位业态融为一体,使得项目更具有活力及盈利能力。作为"中国式生活体验区",北京坊不同于一般的商业区,它的理念中更多地包含了文化这一层面,其内的商家店铺也有所不同。

6.1.2 研究目的

北京坊的文化与商业相结合的形式效果如何,老百姓是否愿意为它埋单,消费者对北京坊的评价如何,都是值得探讨的问题。本部分通过网络爬虫抓取了大众点评网上对北京坊的用户评价数据,并结合描述性分析、文本分析深入了解消费者对北京坊商家的态度、评价以及关注点,最后探究如何改善北京坊的现状。

---

① 数据来源:北京大栅栏永兴置业有限公司,2022年10月。

6.2   研究方法

6.2.1   文本分析

文本分析是指从文本的表层深入到文本的深层，从而发现文本的深层意义。本章运用文本分析，首先对大众点评网上关于北京坊及其各商家评论的字数和评分情况做了描述性分析，以初步获取整体评价情况，然后使用词频分析法发现游客关注点，并结合网络爬虫从中提取出14个评价指标用于后文北京坊的消费者关注点调查分析。

6.2.2   网络爬虫

网络爬虫是一种按照一定的规则自动地抓取网络信息的程序或脚本，它们被广泛应用于互联网搜索引擎，可以自动采集所有能够访问到的页面内容，以获取或更新这些网站的内容和检索方式。本部分运用网络爬虫抓取大众点评网上关于北京坊的用户评价数据，对部分关键词汇进行检索，得到关键词出现的频数。将这些频数由高到低排列，并归为14个评价指标，用于对后文北京坊的消费者关注点调查分析。

6.3   数据来源说明及处理

6.3.1   数据来源及说明

大众点评网作为一个受消费者欢迎的第三方消费点评平台，其上传内容对消费者的认知、决策有很大的影响，所以本次调查最终选取了大众点评网上北京坊及其内所有商家的样本数据，共计51071条评论。数据中共包括6个变量，变量的详细信息如表6-1所示。

表6-1   数据说明

变量类型	变量名	详细说明
自变量	序号	连续变量

续表

变量类型	变量名	详细说明
自变量	店名	定性变量
	整体评分星级	定性变量；共5个水平，"1星""2星""3星""4星""5星"
	评论数	连续变量；单位：条
	评论字数	连续变量；单位：个
	评论内容	定性变量

6.3.2　数据处理

由于相关点评内容较多，为便于分析，对有效样本做出以下限定，有效样本依据如下标准进行选取。

①选取对记录行程、所见所闻、体验感受等进行具体记述的点评，剔除纯图片类点评。

②剔除字数较少或机械重复等表意不明类点评，如"不错不错不错不错不错不错"。

③对评论的有效样本进行数据关键词抓取，将抓取到的高频关键词加以区分与归类，归纳出北京坊及相关业态的评价维度进行消费者关注点分析。

6.4　描述性分析及词频分析

为更合理地评价北京坊现状及捕捉消费者关注点，本书在分析深度上，将先从北京坊整体评价着手，接着分业态对具体商家的评价进行分析；分析广度上，将从好评（＞3星）与差评（＜3星）两方面进行描述性分析以及词频分析，并将两类评价中词频前50的关键词提取出来进行可视化，以词云形式呈现消费者对北京坊正面和负面的关注点。其中，还提取了14个具体评价指标进行具体分析，以刻画更加清晰的北京坊经营状况和消费者关注点。

6.4.1 北京坊整体情况分析

结合研究主题，我们首先对于大众点评网上北京坊这一商区的评论进行了整体的描述性分析。

1.评论字数

由表6-2可知，在北京坊总计3959条有效评论中，评论长度平均值在117个字左右，50%的评论其字数在54～140个字数区间。

表6-2　　　　　　　　　　　北京坊评论字数　　　　　　　　　单位：个

Min.	1st Qu.	Median	Mean	3rd Qu.	Max.
8.0	54.0	111.0	117.1	140.0	907.0

2.评分星级

由表6-3可知，评分星级的平均值为4.556星（好评），且65%（见图6-1）的评分为5星，93%的评价为好评，充分说明北京坊评分情况良好。

表6-3　　　　　　　　　　　北京坊评分情况　　　　　　　　　单位：星

Min.	1st Qu.	Median	Mean	3rd Qu.	Max.
1.0	4.0	5.0	4.556	5.0	5.0

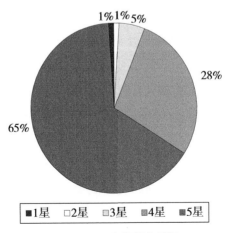

图6-1　北京坊评分星级

3. 不同评分星级评论字数

由图6-2可以看出，不同评分星级的评论字数分布无较大差异，评分为4星或5星的评论中有较多偏大的数值，初步说明给予好评者更倾向于发布更多评论字数。

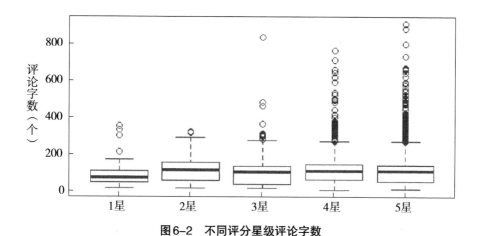

图6-2 不同评分星级评论字数

4. 好评

（1）字数

由表6-4可知，好评字数平均值约为118，50%的好评字数分布在55～141个字数区间，好评字数分布情况与整体分布情况相仿。

表6-4　　　　　　　　　　北京坊好评字数分布　　　　　　　　　　单位：个

Min.	1st Qu.	Median	Mean	3rd Qu.	Max.
8.0	55.0	112.0	117.6	141.0	907.0

（2）词云

由图6-3可知，较多因素是消费者好评方面的关注点。例如，提及频次高达1077次的"建筑"，评论中许多消费者对于北京坊"建筑风格独特""中西结合"赞不绝口。另外，北京坊的代表店铺——PageOne书店（对应图6-3中"书店"一词）也深受消费者追捧与喜爱，评论中不少消费者称其为北京的地标以及打卡的时尚新区域。

图6-3　北京坊好评热评词词云

5.差评

（1）字数

由表6-5和表6-4对比可知，差评字数总体较好评字数少，但波动范围较小，无较大离群值。

表6-5　　　　　　　　　　北京坊差评字数分布　　　　　　　　　　单位：个

Min.	1st Qu.	Median	Mean	3rd Qu.	Max.
16.0	48.0	96.0	109.7	124.2	353.0

（2）词云

由图6-4可知，消费者对北京坊的停车场、服务、电梯、保安、设计、厕所以及缴费等公共服务方面给予了关注和差评。评论中，不少消费者表示"北京坊停车不方便且贵""保安人员态度不礼貌""街区设计不合理，导致找不到目的地"等，足以说明北京坊的公共服务方面聚集了较多的差评，所以亟须快速改善，以提高消费者满意度。

图6-4　北京坊差评热评词词云

6.4.2 评价指标体系

为进一步刻画出北京坊各方面的特征，我们将好评和差评合并，然后根据相关文献资料以及词频分析进行北京坊消费者评价指标选取。

本部分运用网络爬虫技术将大众点评网上消费者对于北京坊的评论抓取下来并保存成Excel文档形式，利用R语言对评论进行分词，并再次检索与抓取，统计出现的部分词语整理如表6-6所示。

表6-6　　　　　关键词的网络爬虫实现结果（部分）

关键词	词频	关键词	词频
北京坊	4344	酒店	523
前门	1779	设计	481
建筑	1077	文化	464
书店	982	特色	460
不错	876	前门大街	440
店	832	风格	431
逛	831	文艺	406
拍照	747	商场	382
环境	670	走	362
餐厅	647	停车	334
旗舰店	628	地标	316
喜欢	628	艺术	313
大栅栏	616	时尚	303
打卡	612	位置	281
新	596	气息	280
吃（餐饮）	548	体验	279
适合	545	找	277

在表6-6中，词频较高就意味着消费者对于关键词所反映的问题更为关注。"建筑""设计"共出现1558次，量化了消费者对于"建筑风格"的关注程度；"书店""旗舰店""酒店"量化了消费者对于"核心店铺"的关注程度；"打卡""地标"等词量化了消费者对于"文化影响力"的关注程度。随后我们通过文本分析，结合关键词及其出现频数，将消费者所关注的因素进行归纳汇总，总结为14个评价指标（见表6-7）。

表6-7　　　　　　　　　　　　评价指标

项目	对应关键词	项目	对应关键词
文化影响力	打卡、地标、文化	街区卫生	干净、环境、卫生
文化传播效果	推荐、听说、知名度	街区安全	保安、安全
业态分布	店、商场、酒店、吃（餐饮）等	服务品质	服务员、工作人员、态度
核心店铺	书店、旗舰店、酒店	公共服务	卫生间、厕所、指示牌
老字号店铺	老字号	行程安排	时间、累、赶、行程
建筑风格	建筑、设计、特色、时尚	拥挤程度	排队、人多
交通系统设施	停车、堵车、地铁	物价水平	贵、高端、价格

现对归纳的14个评价指标根据其出现的频次做出如下分析。

1. 文化影响力

根据评论内容显示，消费者对北京坊的文化影响力关注度较高。许多消费者都是因为北京坊的"北京地标"以及"打卡胜地"的称号慕名来到北京坊，并且大部分消费者都在游览后认同其文化影响力，如"完全不同于北京其他商场，中式独栋建筑，更有中国文化气息，更符合北京城市气质""希望这样的商场可以更多一点"等代表性评论。但是也有部分本土消费者认为"失去了以前的韵味，没有很好融合"。

2. 文化传播效果

根据评论内容显示，以"推荐""听说""知名度"为关键词进行搜索，词频约为300次，可以看出消费者对北京坊的文化传播效果关注度较高。许多到访北京坊的消费者是通过他人推荐或第三方平台推荐而来，并且在游玩后也会发表推荐给他人的评价，也有不少消费者经多次游玩，发出"现在商户入驻的越来越多，知名度也越来越高，越来越多人感受非物质文化遗产的魅力"的感慨，说明北京坊的文化传播效果也越来越好。

3.业态分布

在3459条评论中，提及"书店""吃（餐饮）""酒店""咖啡店""商场"的评论总计2635条，可见北京坊的业态分布类型较全面。具体关键词频次统计如表6-8所示。

表6-8 　　　　　　　　　业态分布关键词频次统计

提及关键词	频次
书店	982
吃（餐饮）	548
旗舰店	628
酒店	523
咖啡店	200
电影院	196
商场	382

从表6-8中可以看出，北京坊中以PageOne书店（对应"书店"一词）为代表的休闲娱乐业最受消费者关注，其次是餐饮业［对应"吃（餐饮）"一词］。

4.核心店铺

根据评论内容显示，"书店""旗舰店"以及"酒店"三个关键词关联品牌单一，即为北京坊最受关注的核心店铺——PageOne书店、星巴克旗舰店、MUJI酒店。这三大店铺是北京坊最受追捧的打卡之地，不少消费者甚至笑称"北京坊因为PageOne书店、星巴克旗舰店和MUJI酒店好好蹭了一把热度"，足可说明这三家核心店铺的影响力。

5.老字号店铺

根据评论内容显示，以"老字号"为关键词进行检索，发现关联的其他关键词主要为"大栅栏""老字号建筑"等，再根据相关商区品牌范围的资料搜索，发现在北京坊内部是没有典型的老字号店铺的，大多都提到了在相邻不远的大栅栏地区有一条老字号美食街。此外，仅有一些较少的评论提到了"糖葫芦""小糖人"等传统手艺小摊，说明北京坊内老字号店铺还是较少。

6.建筑风格

根据评论内容显示，以"建筑""设计"等关键词进行检索，发现关联的其他关键词主要为"老字号""中西结合""古色古香"等，大部分关注建筑风格的消费者普遍称赞"北京坊的建筑风格颇具特色，随便拍都好看"。

7.交通系统设施

根据统计显示，评论中有350频次涉及消费者对交通系统设施的关注情况，远不及对文化影响力、核心店铺等的关注。但这部分提到"停车"的消费者大多都表示北京坊"停车不好停而且贵"，其他提到"地铁"的消费者则表示"虽然坐地铁比开车更方便，但是会面临经常封站的情况"，说明北京坊的交通系统设施方案还亟须改进。

8.街区卫生

根据评论内容显示，以"卫生""干净"等关键词进行检索，词频约为150次，有消费者提到"街道非常干净整洁，十分舒适"，可见街区的卫生清洁程度也会影响消费者对其印象。

9.街区安全

根据评论内容显示，有消费者提到对于街区安全方面"虽然楼里楼外组成的灯光晚上不是特别亮，但是相对来说很安全，楼外面不远的地方总是有穿着西服的保安人员在"，说明虽然有保安执勤制度，但还是存在如"夜晚灯光昏暗"的问题。

10.服务品质

服务品质可谓商区最重要的内核，是消费者满意度的一大重要保证。评论中约250频次提及工作人员或保安人员"有礼貌""态度良好"，但也需要注意有较少的消费者提到"前台工作人员不礼貌"的情况，说明北京坊内店铺的服务水平还需提高标准，并且保持较高水准。

11.公共服务

根据评论内容显示，共有约500频次提及北京坊内"卫生间不好找""指示牌不明确，找不到目的地""卫生间较少"的公共服务情况，足以说明其卫生间、指示牌等公共服务设施还未达到消费者满意水平，作为消费者最紧要的需求，北京坊的公共服务亟须改善。

12.行程安排

以"时间""行程""累"等为关键词进行搜索，发现关联词主要为"周末""迷路""等位时间长"，这说明消费者主要选择在周末进行游玩，且由于指示牌的不清晰，导致消费者经常找不到目的地，浪费了很多精力，表示"半天不到逛得很累，而且吃饭也需要等很久"，说明北京坊的一些服务很大程度上影响了消费者的行程安排及游玩质量。

13.拥挤程度

人多可谓网红景点的一大特色，加之是在人口密集的北京，评论中有约450频次提及人多的情况。消费者大多数都是在周末进行游玩，工作日人相对较少，过于拥挤使得消费者的体验质量有所下降，所以拥挤程度也是消费者的关注点之一。

14.物价水平

"贵""价格"等词汇也被多次提及，还有许多消费者直接记录了自己购买特色产品的费用，大家普遍反映北京坊的物价水平较高，可见物价水平也是消费者重点关注因素之一。

6.4.3　不同类型店铺

经过对北京坊整体评价进行文本分析后，为了更深入了解消费者的关注点以及不同业态的经营情况，本部分首先根据业态划分标准，把店铺分为餐饮类、零售类、服务类和休闲娱乐类，然后考虑到产品性质的不同，再将其中餐饮类细分为国际、国内和饮品类，零售类再细分为国际和国内，休闲娱乐类划分为传统型和文化体验型。在分类之后分别对其进行描述性分析。店铺分类及评分星级均值如表6-9所示。

表6-9　　　　　　　　　　　店铺分类及评分星级均值

业态分类	店铺分类	店铺名称	评分星级均值（星）
餐饮类	国际	Voyage Coffee	4.502
		星巴克旗舰店	4.360
		布鲁克林	4.355
		TiensTiesns 将将	4.271
		英园·哈罗德茶室	4.187
		星巴克（前门大街店）	4.153
		德国酒馆	4.131
		Pinvita 意大利美食集市	4.077
		赛百味	4.041
		MUJI Diner	3.952
		Café&Meal MUJI	3.911
	国内	一树茶源	4.568
		渝是乎	4.542
		局气	4.426
		翁鲜	4.414
		美炉火锅	4.412
		北平花园	4.356
		滋色菇娘鱼·川菜	4.269
		红鸽坊	4.267
		Ms.Na	4.253
		雁舍四季	4.078
		喜喜香港餐厅	3.997
		祖母的厨房美式西餐厅	3.981
		真真小吃	3.680
	饮品类	悟茶	4.500
		甜品坊 Fun Space	4.429
		Daygreen	4.429
		绯茶	4.385
		九龙巴士	4.290
		inWE 因味茶	4.245
		奉茶	4.167
		快乐柠檬	4.067

续表

业态分类	店铺分类	店铺名称	评分星级均值（星）
零售类	国际	Garmin	5.000
		JINS	4.618
		LuxStory	4.607
		NoMe	4.579
		MUJI	4.495
		InterSport	4.157
		天竺保税区	3.821
	国内	万仟堂	4.875
		吱音	4.347
		素本自然	4.333
		屈臣氏	4.135
		私饰集	3.972
服务类	—	MUJI酒店	4.452
		北京坊电动汽车充电站	0
休闲娱乐类	传统型	友唱	5.000
		酥趣生活教室	4.829
		玩氪星球VR竞技场	4.717
		小绿洲Eatory	4.550
		保利国际影城	4.396
		巧虎欢乐岛	4.208
	文化体验型	PageOne	4.725
		家传文化体验中心	4.673
		WeWork	4.644

由表6-9可知，餐饮类方面，国内餐饮、国际餐饮及饮品类的评分星级均值分布相近，其中饮品类评分星级均值均高于4星，普遍受消费者喜爱，国内与国际餐饮均有低于4星的店铺，需进行改善；零售类方面，国际零售店铺的评分星级均值略高于国内零售店铺的，且有满分店铺——Garmin，初步说明消费者更加偏爱国际零售品牌，国内零售品牌仍有进步空间；服务类方面，仅MUJI酒店有评分，且处于中上水平；休闲娱乐类方面，两类型的店铺评分星级均值均处于较好水平，也出现了满分店铺——友唱，初步说明休闲娱乐类是消费者喜爱的游玩方式。此外，值得注意的是，大众点评网的北京坊内部系统无典型老字号店铺上线，这是否会影响北京坊文化与商业结合情况？接下来，我们就具体分类情况进行更加详细的分析。

1.餐饮类

（1）国际

首先是评分状况，用户评分星级的最小值、最大值、平均数、中位数和四分位数如表6-10所示。

表6-10　　　　　　　　　国际餐饮评分星级　　　　　　单位：星

Min.	1st Qu.	Median	Mean	3rd Qu.	Max.
1	4	5	4.268	5	5

接下来是评分星级的分布频数以及频率，如表6-11和图6-5、图6-6所示。从表6-11中可以看出，共有16388条评论，其中超过一半都给了5星的评价，另有33.91%的评价给出了4星好评。好评率为84.39%，仅有极少数（5.51%）的评价为1~2星的差评。

表6-11　　　　　　　　　国际餐饮评分星级分布

评分星级	频数	频率
1星	426	2.60%
2星	477	2.91%
3星	1656	10.10%
4星	5557	33.91%
5星	8272	50.48%
总计	16388	100%

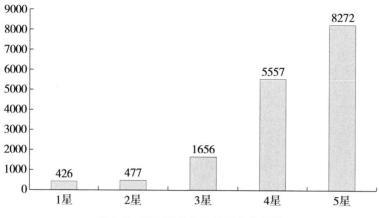

图6-5　国际餐饮评分星级分布频数

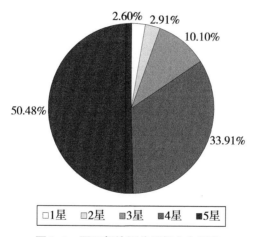

图6-6　国际餐饮评分星级分布频率

　　除了要对评分状况进行分析之外，还需要对评论的字数有大致的了解。我们将评论分为好评（＞3星）和差评（＜3星），评论字数的最小值、最大值、平均数、中位数和四分位数如表6-12和图6-7所示。可以初步判断，好评的字数有更多较大的离群值，给予好评者更有可能发布较多字数的评论。

表6-12	国际餐饮评论字数					单位：个
	Min.	1st Qu.	Median	Mean	3rd Qu.	Max.
总	8	60	117	142.6	174	2147
好评	8	60	117	140.3	170	2147
差评	14	58.5	116	158.9	197.5	1275

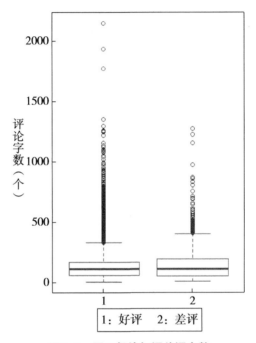

图6-7　国际餐饮好评差评字数

最后我们对好评和差评的关键词词频进行分析，画出词云，如图6-8和图6-9所示。可以看出，好评差评中"味道""环境"出现较为频繁，其中，"好吃""味道"相关词频共17866次，以及各类菜品如"豆腐""薄饼""牛肉"等出现次数较多，说明国际餐饮店铺的消费者非常注重菜品本身的质量；环境方面的相关词频供给14221次，说明除产品本身外，消费者对就餐环境也很关心，在北京坊这样有着悠久历史和独特文化的历史文化商业街区就餐，消费者对环境、建筑风格有一定期待和要求是很合理的。此外，好评方面，消费者认为菜品不错、好吃，更看重菜品本身的味道和就餐环境。

差评中出现频率较高的是"服务""服务员",相关词频共计931次。另外还有"店员""态度"等词也出现在了评论中,而好评中也有一些评价提到了服务。在北京坊的国际餐饮店铺就餐的消费者不仅关心菜品的味道,对服务也有比较高的要求,尤其是在差评中很大一部分是关于服务的。若要消灭这些差评,则需要提高餐厅的服务水平。

图6-8　国际餐饮好评词云　　　　　图6-9　国际餐饮差评词云

（2）国内

首先是其评分的大致状况,用户评分星级的最小值、最大值、平均数、中位数和四分位数如表6-13所示。

表6-13　　　　　　　　国内餐饮评分星级　　　　　　　　单位:星

Min.	1st Qu.	Median	Mean	3rd Qu.	Max.
1	4	5	4.305	5	5

接下来是评分星级的分布频数以及频率,如表6-14和图6-10、图6-11所示。从表6-14中可以看出,共有21274条评论,其中有一半多都给了5星的评价,另有29.53%的评价给出了4星好评。好评率为84.52%,仅有极少数(5.93%)的评价为1~2星的差评。与前述国际餐饮情况大致相同。

表6-14　　　　　　　　国内餐饮评分星级分布

评分星级	频数	频率
1星	657	3.09%
2星	604	2.84%

续表

评分星级	频数	频率
3星	2033	9.56%
4星	6282	29.53%
5星	11698	54.99%
总计	21274	100%

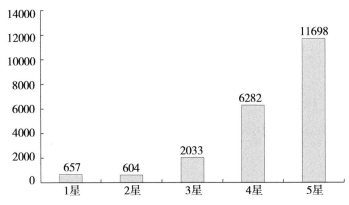

图6-10 国内餐饮评分星级分布频数

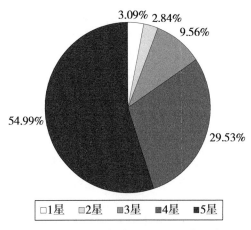

图6-11 国内餐饮评分星级分布频率

除了要对评分状况进行分析之外，还需要对评论的字数有大致的了解。我们将评论分为好评（＞3星）和差评（＜3星），评论字数的最小值、最大值、平均数、中位数和四分位数如表6-15和图6-12所示。可以初步判断，好评的字数有更多较大的离群值。

表6-15　　　　　　　　　　　　国内餐饮评论字数　　　　　　　　　　单位：个

	Min.	1st Qu.	Median	Mean	3rd Qu.	Max.
总	10	41	110	134.4	171	1928
好评	10	40	110	132	168	1928
差评	15	46	105	146.4	187	1441

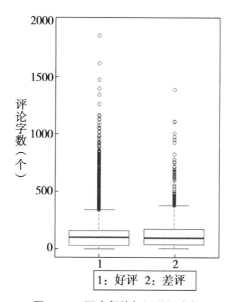

1：好评　2：差评

图6-12　国内餐饮好评差评字数

最后我们对好评和差评的关键词词频进行分析，画出了词云，如图6-13和图6-14所示。可以看出，国内餐饮业的好评与差评情况与国外餐饮业相似，均对菜品味道、就餐环境、服务品质十分重视。另外，值得注意的是，在差评中有部分提到了"价格""性价比"，相关词频共计230次。说明有一部分顾客对北京坊的国内餐饮店铺的菜品价格有些不满，认为菜价过高，部分消费者提到"祖母的厨房性价比不高，菜品一般，但是价格很贵"，说明消费者对于国内一些传统菜品的品质要求相对较高。

图6-13 国内餐饮好评词云　　　　图6-14 国内餐饮差评词云

（3）饮品类

首先是其评分的大致状况，用户评分星级的最小值、最大值、平均数、中位数和四分位数如表6-16所示。

表6-16　　　　　　　　饮品类餐饮评分星级　　　　　　　　单位：星

Min.	1st Qu.	Median	Mean	3rd Qu.	Max.
1	4	5	4.261	5	5

接下来是评分星级的分布频数以及频率，如表6-17和图6-15、图6-16所示。从表6-17中可以看出，共有2209条评论，其中超过一半给了5星的评价，另有33.32%的评价给出了4星好评。好评率为83.52%，仅有极少数（5.07%）的评价为1~2星的差评。与前述国际与国内餐饮情况大致相同。

表6-17　　　　　　　　饮品类餐饮评分星级分布

评分星级	频数	频率
1星	57	2.58%
2星	55	2.49%
3星	252	11.41%
4星	736	33.32%
5星	1109	50.20%
总计	2209	100%

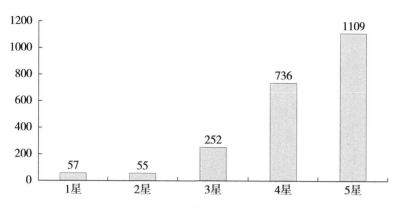

图6-15　饮品类餐饮评分星级分布频数

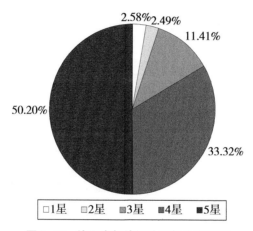

图6-16　饮品类餐饮评分星级分布频率

除了要对评分状况进行分析之外，还需要对评论的字数有大致的了解。我们将评论分为好评（＞3星）和差评（＜3星），评论字数的最小值、最大值、平均数、中位数和四分位数如表6-18和图6-17所示。可以初步判断，差评的字数比好评的字数更少，但是好评字数有更多较大的离群值。

表6-18　　　　　　　饮品类餐饮评论字数　　　　　　　单位：个

	Min.	1st Qu.	Median	Mean	3rd Qu.	Max.
总	14	50	111	121.7	152	1016
好评	14	50	111	121.8	150	1016
差评	15	36.75	72.5	98.41	141.75	455

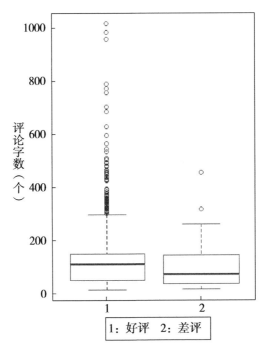

图6-17 饮品类餐饮好评差评字数

最后我们对好评和差评的关键词词频进行分析，画出了词云，如图6-18和图6-19所示。好评中，"茶""味道""奶茶""好喝"的词频共计3287次，而在差评中，也出现较多有关饮品本身的词，"茶""味道""奶茶"相关词频共计114次。说明饮品店铺的消费者非常注重饮品本身的质量，给予差评者也更多将重点放在饮品的口味上。

在差评中，"服务""店员""态度"出现次数很多，相关词频共计70次，而好评中也有一些评价提到了服务。在北京坊饮用茶品的消费者不仅关心其味道，对服务也有比较高的要求，尤其是在差评中很大一部分是关于服务的。

好评中有部分评论提到了"环境""位置"等，相关词频共计1183次，差评中环境方面的词的词频共计21次。除了菜品和服务外，消费者对就餐环境也很关心。

图6-18　饮品类餐饮好评词云 　　　　图6-19　饮品类餐饮差评词云

2.服务类

首先是其评分的大致状况，用户评分星级的最小值、最大值、平均数、中位数和四分位数如表6-19所示。

表6-19　　　　　　　　　　服务类评分星级　　　　　　　　　　单位：星

Min.	1st Qu.	Median	Mean	3rd Qu.	Max.
1	4	5	4.452	5	5

接下来是评分星级的分布频数以及频率，如表6-20和图6-20、图6-21所示。从表6-20中可以看出，共有1114条评论，其中有大部分都给了5星的评价（62.03%），另有28.19%的评价给出了4星好评。好评率为90.22%，仅有极少数（4.31%）的评价为1~2星的差评。比前述餐饮类的评价更好。

表6-20　　　　　　　　　服务类评分星级分布

评分星级	频数	频率
1星	31	2.78%
2星	17	1.53%
3星	61	5.48%
4星	314	28.19%
5星	691	62.03%
总计	1114	100%

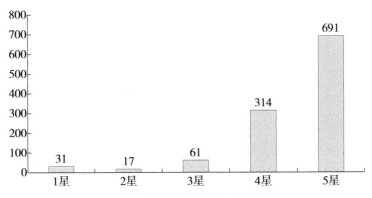

图6-20　服务类评分星级分布频数

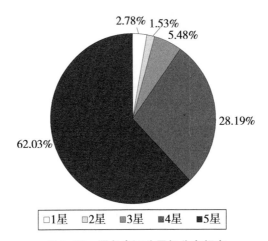

图6-21　服务类评分星级分布频率

　　除了要对评分状况进行分析之外，还需要对评论的字数有大致的了解。我们将评论分为好评（＞3星）和差评（＜3星），评论字数的最小值、最大值、平均数、中位数和四分位数如表6-21和图6-22所示。可以初步判断，好评的字数有更多较大的离群值。

表6-21　　　　　　　　　　　服务类评论字数　　　　　　　　　　单位：个

	Min.	1st Qu.	Median	Mean	3rd Qu.	Max.
总	5	83.8	125	153.5	190.3	1068
好评	5	94	125	151.3	186	1068
差评	17	87.5	166	227.6	294.5	1040

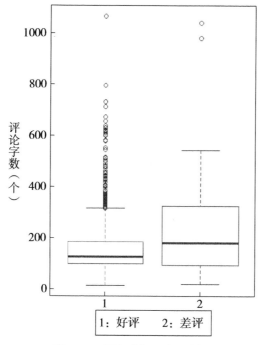

图6-22 服务类好评差评字数

最后我们对好评和差评的关键词词频进行分析，画出了词云，如图6-23和图6-24所示。

在好评中，"酒店""房间""大堂"的词频共计1651次，说明服务类店铺的消费者非常看重住宿条件。此外，部分评论提到了"风格""位置""设计""装修"，相关词频共计816次。由于北京坊独特的文化内涵，给予好评者对北京坊的酒店环境以及装修风格较为满意。

在差评中，"服务""服务员"出现次数较多，相关词频共计58次。在北京坊的酒店入住的消费者不仅关心住宿的硬件情况，对服务也有比较高的要求，尤其是在差评中很大一部分是关于服务的。此外，部分评论提到了"卫生间""厕所"，相关词频共计24次。说明北京坊的服务类店铺在公共服务方面稍有欠缺，需要进行改进，从而为消费者提供更多便利。

图6-23　服务类好评词云　　　　图6-24　服务类差评词云

3.零售类

（1）国际

首先是其评分的大致状况，用户评分星级的最小值、最大值、平均数、中位数和四分位数如表6-22所示。

表6-22　　　　　　　　国际零售评分星级　　　　　　　　单位：星

Min.	1st Qu.	Median	Mean	3rd Qu.	Max.
1	4	5	4.383	5	5

接下来是评分星级的分布频数以及频率，如表6-23和图6-25、图6-26所示。从表6-23中可以看出，共有839条评论，其中有一半多给了5星的评价，另有34.35%的评价给出了4星好评。好评率为89.16%，仅有极少数（3.58%）的评价为1~2星的差评。

表6-23　　　　　　　　国际零售评分星级分布

评分星级	频数	频率
1星	17	2.03%
2星	13	1.55%
3星	61	7.27%
4星	289	34.45%
5星	459	54.71%
总计	839	100%

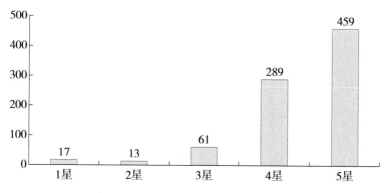

图6-25 国际零售评分星级分布频数

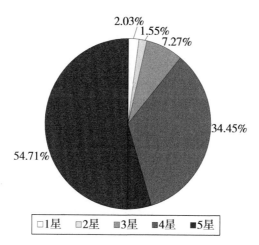

图6-26 国际零售评分星级分布频率

除了要对评分状况进行分析之外，还需要对评论的字数有大致的了解。我们将评论分为好评（＞3星）和差评（＜3星），评论字数的最小值、最大值、平均数、中位数和四分位数如表6-24和图6-27所示。可以初步判断，好评的字数有更多较大的离群值。

表6-24　　　　　　　　　　国际零售评论字数　　　　　　　　单位：个

	Min.	1st Qu.	Median	Mean	3rd Qu.	Max.
总	13	66.5	111	115.1	137	535
好评	13	70	111	115	135	535
差评	21	60	104.5	128.4	165.8	486

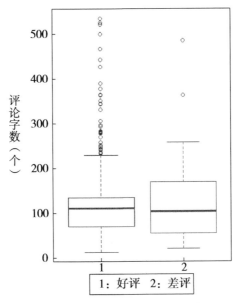

图6-27　国际零售好评差评字数

　　最后我们对好评和差评的关键词词频进行分析，画出了词云，如图6-28和图6-29所示。好评中"商品""价格""风格""环境"出现较为频繁。其中，"产品""商品""设计"等词出现计2123次，说明国际零售店的产品普遍受消费者好评；"环境""装修"等词表现出消费者对购物环境的重视程度；"价格""便宜"等词刻画了消费者对国际零售店价格的满意，常以"质优价廉"的形象出现在评价里。差评中出现频率最高的仍是"服务"，说明服务是消费者体验的基础；另外，部分消费者提及"正品"等关于商品品质的评价，说明消费者对于进口商品的真实品质十分关注，担心以高价买到赝品。

图6-28　国际零售好评词云

图6-29　国际零售差评词云

（2）国内

首先是其评分的大致状况，用户评分星级的最小值、最大值、平均数、中位数和四分位数如表6-25所示。

表6-25 国内零售评分星级 单位：星

Min.	1st Qu.	Median	Mean	3rd Qu.	Max.
1	4	5	4.268	5	5

接下来是评分星级的分布频数以及频率，如表6-26和图6-30、图6-31所示。从表6-26可以看出，共有164条评论，其中有一半以上都给了5星的评价（52.44%），另有32.93%的评价给出了4星好评。好评率为85.37%，仅有少数（6.71%）的评价为1~2星的差评。

表6-26 国内零售评分星级分布

评分星级	频数	频率
1星	7	4.27%
2星	4	2.44%
3星	13	7.93%
4星	54	32.93%
5星	86	52.44%
总计	164	100%

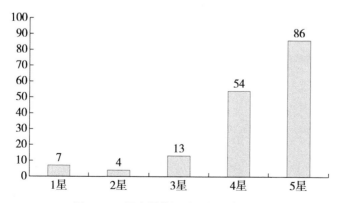

图6-30 国内零售评分星级分布频数

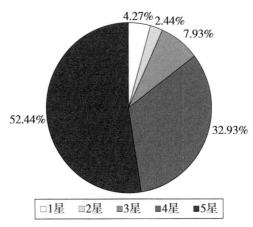

图6-31　国内零售评分星级分布频率

　　除了要对评分状况进行分析之外，还需要对评论的字数有大致的了解。我们将评论分为好评（＞3星）和差评（＜3星），评论字数的最小值、最大值、平均数、中位数和四分位数如表6-27和图6-32所示。可以初步判断，差评的字数比好评的字数更少。

　　最后我们对好评和差评的关键词词频进行分析，画出了词云，如图6-33、图6-34所示。可以看出，好评中"家具""设计""价格"出现频次较高，能够说明国内零售店的产品设计以及物价水平是消费者较为关注的点，有消费者评价"屈臣氏的产品一如既往的质优价廉，经常光顾""私饰集的产品设计颇具特色"，说明对于零售业来说，消费者最关注的点与产品相关。差评中出现频率较高的是"价格""店员""素质"，说明消费者对于某些产品的价格和某些店员的服务水平存在不满，即间接说明服务态度和产品是消费者对于零售业的关注点。

表6-27　　　　　　　　　国内零售评论字数　　　　　　　　单位：个

	Min.	1st Qu.	Median	Mean	3rd Qu.	Max.
总	9	48.25	105	100.34	131	408
好评	9	46	104	97.11	129.25	408
差评	31	37.5	64	89.64	136.5	180

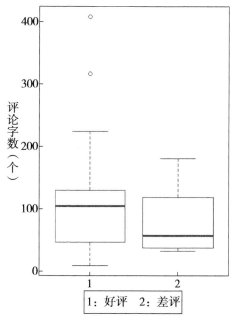

图6-32 国内零售好评差评字数

图6-33 国内零售好评词云

图6-34 国内零售差评词云

4.休闲娱乐类

（1）传统型

首先是其评分的大致状况，用户评分星级的最小值、最大值、平均数、中位数和四分位数如表6-28所示。

表6-28		传统型评分星级			单位：星
Min.	1st Qu.	Median	Mean	3rd Qu.	Max.
1	4	5	4.363	5	5

接下来是评分星级的分布频数以及频率，如表6-29和图6-35、图6-36所示。从表6-29中可以看出，共有2327条评论，其中有一半多给了5星的评价，另有26.39%的评价给出了4星好评。好评率为86.94%，仅有少数（6.70%）的评价为1～2星的差评。

表6-29	传统型评分星级分布	
评分星级	频数	频率
1星	104	4.47%
2星	52	2.23%
3星	148	6.36%
4星	614	26.39%
5星	1409	60.55%
总计	2327	100%

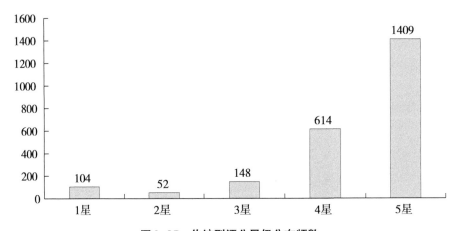

图6-35　传统型评分星级分布频数

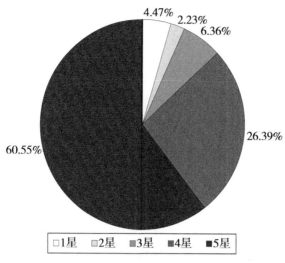

图6-36 传统型评分星级分布频率

除了要对评分状况进行分析之外，还需要对评论的字数有大致的了解。我们将评论分为好评（＞3星）和差评（＜3星），评论字数的最小值、最大值、平均数、中位数和四分位数如表6-30和图6-37所示。可以初步判断，好评和差评字数的平均数较为接近，但是好评的字数有更多较大的离群值。

最后我们对好评和差评的关键词词频进行分析，画出了词云，如图6-38、图6-39所示。可以看出，好评中"孩子""影院""电影""环境"出现较为频繁，首先说明电影院是北京坊休闲业态主要店铺，其次说明消费者在进行休闲娱乐时对于环境的要求度较高，所以"电影院很大，环境不错"的评价是消费者非常认可的评价。差评中出现频率最高的是"孩子""服务""工作人员"，可归纳为服务品质方面，部分消费者表示"工作人员不礼貌""服务态度不好"。

表6-30　　　　　　　　　传统型评论字数　　　　　　　　单位：个

	Min.	1st Qu.	Median	Mean	3rd Qu.	Max.
总	13	48.5	110	132.4	161	1364
好评	13	47.5	110	131.7	160	1364
差评	16	55	112.5	138.1	168.8	663

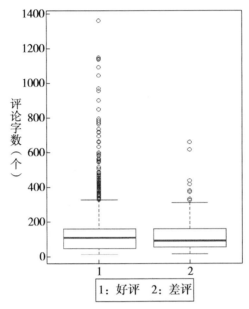

图6-37　传统型好评差评字数

图6-38　传统型好评词云

图6-39　传统型差评词云

（2）文化体验型

首先是其评分的大致状况，用户评分星级的最小值、最大值、平均数、中位数和四分位数如表6-31所示。

表6-31　　　　　　　　　　文化体验型评分星级　　　　　　　　　单位：星

Min.	1st Qu.	Median	Mean	3rd Qu.	Max.
1	5	5	4.721	5	5

接下来是评分星级的分布频数以及频率，如表6-32和图6-40、图6-41所示。从表6-32可以看出，共有5000条评论，其中有大部分都给了5星的评价（77.54%），另有18.78%的评价给出了4星好评。好评率为96.32%，仅有少数（1.02%）的评价为1~2星的差评。是所有类别中评价最好的。

表6-32 文化体验型评分星级分布

评分星级	频数	频率
1星	35	0.70%
2星	16	0.32%
3星	133	2.66%
4星	939	18.78%
5星	3877	77.54%
总计	5000	100%

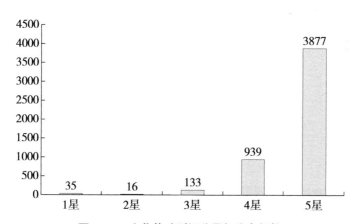

图6-40 文化体验型评分星级分布频数

除了要对评分状况进行分析之外，还需要对评论的字数有大致的了解。我们将评论分为好评（＞3星）和差评（＜3星），评论字数的最小值、最大值、平均数、中位数和四分位数如表6-33和图6-42所示。可以初步判断，好评的字数有更多较大的离群值。

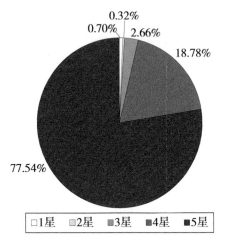

图6-41 文化体验型评分星级分布频率

表6-33 文化体验型评论字数 单位：个

	Min.	1st Qu.	Median	Mean	3rd Qu.	Max.
总	9	71	114	125.1	150	1206
好评	9	72	114	124.8	149.2	1206
差评	19	56	115	153.3	186	975

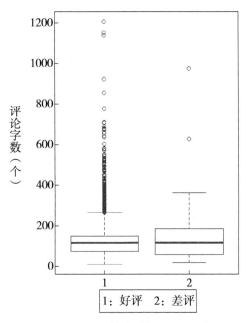

图6-42 文化体验型好评差评字数

最后我们对好评和差评的关键词词频进行分析，画出了词云，如图6-43、图6-44所示。可以看出，好评中出现较为频繁的是"书店""拍照""环境"等，从侧面反映出PageOne书店（"书店"）在文化体验型店铺中的核心地位，"其特色的设计，随便拍照都好看"，说明在文化体验型休闲娱乐类店铺的设计和环境十分重要。差评中出现频率较高的是"书店""服务""店员""工作人员"，与其他业态相似，较多的差评都来自对服务品质的不满，说明服务品质是各业态店铺的核心，是顾客满意度的前提。此外，值得注意的是，WeWork、家传文化体验中心等店铺的评论较少，说明其顾客流通度较PageOne书店来说相去甚远，仍需加大宣传力度。

图6-43 文化体验型好评词云

图6-44 文化体验型差评词云

7 研究结论

7.1 世界一线城市历史文化商业街区演化路径分析主要研究结论

1.关键影响因素

通过梳理历史文化商业街区的演化路径发现，历史文化商业街区的影响因素是区位优势这一单因素叠加政府行为、文化特色、创新能力等因素，且影响具有持续性，促进商业街区不断发展。区位优势是历史文化商业街区发展的重要因素，是诱发其他因素发挥作用的前提。政府行为是推动历史文化商业街区发展演进的强大推手和坚实的后盾。文化特色是历史文化商业街区演化发展的核心，是推动街区演化的重要支撑点。创新能力是历史文化商业街区发展不可或缺的动力，为街区发展带来活力。各影响因素相互作用，共同促进世界一线城市历史文化商业街区演化与发展。

在不同演化时期，街区的影响因素所发挥的作用各不相同。如文化特色是整个北京前门街区发展的持续性影响因素，但其发挥作用的方式却在发生转变。在中华人民共和国成立直至改革开放，前门大街和大栅栏商业街受到文化特色的影响，主张彰显地域文化魅力，成为老字号品牌体验地。在街区开始进行整改后，大栅栏商业街着手打造文化体验街区，前门大街在注重对非遗文化的传承和发扬的同时营造开放、共享型的街区特色，为街区发展探索了全新模式。北京坊作为新兴地标，文化特色一直都是其主要影响因素，引领文化融合，相继引进星巴克甄选旗舰店、曼联梦剧场、维维尼奥香氛艺术馆等西式现代品牌，中西文化产生碰撞，将北京坊推向国际舞台。

同一影响因素在同一时期对不同商业街的影响表现不同，在2008年至今的街区发展路径中。①政府行为在此阶段发挥的作用是帮助前门大街传承与发扬非遗文化，提升前门大街的文化包容性；对大栅栏商业街的影响体现为在政府的引导下，大栅栏商业街的人口疏解和有机更新——帮助疏解北京的非首都职能，以及更新街区的体验场景和文化艺术活动，促进街区的有机复兴；北京坊在政府关注下重获新生，构建成为"北京坊—首都核心区城市更新项目"。②多元文化对三条商业街的演化发挥不同作用。对于前门大街而言，2008年后，前门大街经过多次改造，在接纳和引入国外多元文化的同时，更加注重非遗文化的传承和体验，推动了街区发展和文化复兴；大栅栏商业街在不断地传承和发扬老字号文化中营造和吸纳年轻化、多元化文化元素并运用到街区，打造多元文化社区空间，为街区复兴和更新注入活力；北京坊作为文化创意产业，从开业便吸纳众多国内外优秀文化的品牌主力店，营造国际文化与传统文化不断融合的新态势。③创新能力是街区发展并保持活力的原因。前门大街的创新能力体现在政企合作的运营主体支持和带领前门大街不断发展和复兴；创新能力对大栅栏商业街的作用主要体现在建设智慧型街区，利用数字化运营改善居住环境，以及创新文化和艺术活动，吸纳多方资源参与；北京坊的创新能力作用在引入新生活、体验式的活动业态，创新文化形式和艺术活动，拉近与消费者之间的距离。

2.北京前门街区演化路径特征

从表7-1可以发现，三大商业街虽然处在同一街区，但在2008年之后的演化路径特征和关键影响因素产生的作用是存在差异的。

表7-1　　　　三大商业街演化路径特征对比分析（2008年至今）

项目	前门大街	大栅栏商业街	北京坊
经营方式	合伙经营方式打造文化产业集群；建设非遗园，引入非遗项目	合伙经营方式打造新型文化体验街区，满足商业需求	主张打造首家家传文化体验中心；打造体验式零售店铺
经营范围	非遗展示销售店铺和文化体验店铺	传承老字号门店，引进新兴商业体，如工作室、设计商店、手工艺	品牌全部主力店化，举办特色文化活动、构建公共艺术平台
经营特色	打造多重文化精品路线、非遗体验区	营造开放、多元、共享的街区特色，为老城居民带来全新气象，吸引年轻人	引入新生活、体验式的业态，品牌还具有"首店"等共同属性

项目	前门大街	大栅栏商业街	北京坊
街区功能	旅游职能不断优化，非遗文化传承体验街区	文化传承与开发的街区功能	中国生活式体验区
影响因素	区位优势、政府行为、多元文化、创新能力	区位优势、多元文化、政府行为、创新能力、公共关系活动	区位优势、政府行为、多元文化、公共关系活动、创新能力

从经营方式来看，前门大街主张对非遗文化的传承与体验，让更多的人在前门大街感受非遗文化的魅力，呈现传统与时代潮流相辉映的趋势；大栅栏商业街为疏散北京非首都功能打造新型的文化体验街区，保障居民生活，满足商业需求；北京坊在2020年提出零售体验化门店，将多元文化品牌门店的经营方式提升新的高度。营造更加复合多元的文化体验的氛围，努力构建成为新时代年轻群体的聚集地。

从经营范围来看，前门大街引进非遗文化体验店铺；大栅栏商业街着手街区的保护和老北京特色品牌文化的发扬，探索与新时代潮流的结合，丰富大栅栏商业街的经营多样化；北京坊作为文创空间，经营范围更是体现了其特色，至开业以来引进多家中外品牌的体验式门店。涉及门店包含书店、酒店、餐饮等多种类型。

从经营特色来看，前门大街开展了如"百年记忆·前门今昔"为主题的前门历史文化展和京味儿文旅线路，让消费者感受到浓浓的北京味儿，也让更多的人了解到北京文化；大栅栏商业街则越来越年轻化，营造开放、多元、共享的街区特色，为老城居民带来全新气象，吸引年轻人"种草"体验；北京坊紧跟国家发展战略，主张文化创意产业，是北京创意、休闲、旅游、特色商业相融合的文化创意体验区。

从街区功能来看，三条商业街在关键因素的相互促进和影响下，街区功能也呈现不同的特色，不断更新和发展街区的经营方式和商业形态，在同一历史文化商业街区各显风格，呈现出不同特色的繁华景象。

3.北京历史文化商业街区与我国西部历史文化商业街区对比分析结论

通过以上研究发现，北京作为世界一线城市，由于受地理位置、人文特色和历史发展等因素影响，其历史文化商业街区的演化路径和影响因素与我国西部地区历史文化商业街区相比具有异同之处。

比较分析发现，两者的相同之处在于都受到区位优势和政府行为的关键因素影响。对于历史文化商业街区来说，区位优势在街区的形成时期有着重要的影响作用，良好的区位优势可以为街区带来众多客流和发展机遇。政府行为也影响和引领着历史文化商业街区的发展和整改，为历史文化商业街区的发展和突破困境提供支持和动力。

历史文化商业街区的发展均具有独特性。经过分析发现，两者在发展过程中主要关键因素存在差异。随着区域经济的发展、产业结构的演变以及城市发展中心的逐步转移，西部地区历史文化商业街区在发展过程中受地域文化特色、城市经营理念、整合营销策略的影响。北京作为政治中心、文化中心、国际交往中心、科技创新中心，历史文化商业街区在演化过程中受政治、创新、科技因素的影响，发展中注重传统文化的继承与发扬、多元文化的吸纳与融合，同时不断创新的文化艺术活动对发展演化中的街区也发挥着重要的作用。因此，与我国西部地区历史文化商业街区不同的是，北京历史文化商业街区在演化过程中还受到多元文化、公共关系活动的影响，使得历史文化商业街区呈现不同的文化色彩和独一无二的街区特征。

通过分析关键影响因素可以发现，两者虽有相同的影响因素但由于受地域、城市功能定位、文化、经济等影响，所产生的作用是不相同的。其中主要体现在多元文化和创新能力上。①多元文化，北京的历史文化商业街区的文化呈现出多样化和丰富性，是历史积淀形成的城市文化空间，街区在演化过程中充当着弘扬中华优秀传统文化、发扬文化自信的作用，从早期的大拆大建，街区"强制现代化"，到现在采用"微改造"的方式对历史文化商业街区进行更新和复兴，保留传统文化特色和城市历史文化记忆。并在此过程中吸纳来自国内外的多元文化，推陈出新，将文化元素注入产业、建筑和艺术活动，在多元文化碰撞中促进街区的有机更新和品质提升。我国西部地区历史文化商业街区的文化影响力体现在街区演化过程中，逐步形成了自身独特的文化魅力，包括夜市文化、饮食文化、多元文化等，成为街区发展不可忽视的影响因素。②北京的历史文化商业街区的创新能力影响因素表现在管理创新、技术创新、文化创新、营销创新等方面，其中北京坊项目作为一个城市文化新地标，是文化与商业创新融合的体现空间。北京坊融合地域、文化与产业，打造体验式街区，开展多重文化艺术活动，融入科技元素，借助抖音、小红书等社交平台，让历史文化商业街区走向更多消费者，并在与国际多元文化的碰撞中逐步走向国际舞台。西部地区历史文化商业街区在创新能力影响因素上体现在经营方式、产品、市场管理以及营销等方面，街区在丰富文化特色内涵、多功能化以及整合营销传播等方面都具有很大的创新空间。例如，在国际经济互联互通、人文交流日益频繁、民族交融空前繁荣的大背景下，地域文化特色（特别是民族文化）已经成为西部地区历史街区发展繁荣的重要资产，也是其经由创新实现资产增值的关键点。近年来，南宁水街在其原有特色小吃基础上，不断引进区内、国内乃至国外的地方特色小吃，形成了显著的行业集聚效应和经济效益。

7.2　世界一线城市历史文化商业街区评价指标体系构建与应用研究主要研究结论

本书基于世界一线城市著名历史文化商业街的核心特征和流通软实力，构建了世界一线城市历史文化商业街区评价指标体系。运用yaahp软件建立模型，通过层次分析法确定世界一线城市历史文化商业街区评价指标体系权重。以北京前门街区为例，应用AHP-模糊综合评价法（Fuzzy Comprehensive Evaluation Method），对北京前门街区具有代表性的前门大街、大栅栏商业街和北京坊进行了评价，对北京前门街区未来发展路径具有指导价值。研究表明，世界一线城市历史文化商业街区评价指标的AHP权重是科学合理的，评价结果证实了世界一线城市历史文化商业街区评价指标体系的合理性。历史文化商业街区效能涉及多因素综合评价，应用AHP-模糊综合评价法对历史文化商业街区进行定量评价具有科学性、可行性和实用性。

7.3 世界一线城市历史文化商业街区顾客满意度影响因素分析主要研究结论

①北京坊特色空间和业态对顾客满意（路径系数为0.48）、街区形象（路径系数为0.46）、顾客期望（路径系数为0.41）、感知价值（路径系数为0.22）均有影响。其中对顾客满意影响最大，其次是对街区形象的影响，对顾客期望也有重要影响。

②北京坊特色空间和业态、顾客期望（路径系数为0.25）、感知价值（路径系数为0.34）对顾客满意均会产生影响，但影响的程度差异较大，其中特色空间和业态对顾客满意度影响最大。北京坊特色空间和业态中，具有显著影响的观测变量是劝业场（X15，路径系数为0.75）、PageOne书店（X16，路径系数为0.67）、MUJI酒店（X20，路径系数为0.40）、星巴克（X21，路径系数为0.62）。北京作为世界一线城市，北京坊入驻的品牌大多具有北京"首店"等共同属性，零售体验化，精心打造的空间场景，独有的文化赋能，增强了消费者体验感。北京坊独有的高品质生活体验内容，坊品牌在深耕强IP下形成的特殊体验场景，以及延承了在地文化，无疑能满足目标客群的多元需求，对提升顾客满意度具有重要影响。结合大数据文本分析，[①]由好评热评词词云（见图6-3）及评论内容可知，消费者普遍称赞"北京坊的建筑风格颇具特色，随便拍都好看"。此外，不少评论者称其为北京的地标以及打卡的时尚新区域。另外，北京坊最受关注的核心店铺——PageOne书店、星巴克旗舰店、MUJI酒店这三大店铺，成为北京坊最受追捧的打卡之地。不少消费者甚至笑称"北京坊因为PageOne书店、星巴克旗舰店和MUJI酒店好好蹭了一把热度"，足可说明这三家核心店铺的影响力。

③北京坊街区形象虽然对顾客满意不存在显著影响（路径系数为0.19），但可以通过街区形象→感知质量（路径系数为0.62）→感知价值（路径系数

---

①　大众点评网作为一个较受欢迎的第三方消费点评平台，其传播内容对消费者的认知、决策有很大的影响。本书选取了大众点评网上北京坊及其内所有商家的样本数据，总评论条数51071条（数据中共包括6个变量）。运用网络爬虫技术抓取大众点评网上消费者对北京坊的评论，保存成Excel文档形式，利用R语言对评论进行分词，并再次检索与抓取，统计高频词语并整理。对好评和差评的关键词进行词频分析、可视化，并画出词云图。

为0.73）→顾客满意（路径系数为0.34）间接对顾客满意产生影响。

④北京坊测量模型中，商品价格、商品质量、服务意识和文化氛围对顾客感知质量的路径系数达到了0.65及以上，说明大众仍把"物有所值"作为评价的重要标准。另外，历史文化商业街区的文化氛围对顾客感知质量也有较大的吸引力。结合大数据文本分析可知，消费者对北京坊的文化影响力关注度较高。许多消费者都是因为慕名北京坊的"北京地标"以及"打卡胜地"的称号来到北京坊，并且大部分消费者都在游览后认同其文化影响力，如"完全不同于北京其他商场，中式独栋建筑，更有中国文化气息，更符合北京城市气质""希望这样的商场可以更多一点"等代表评论。

由北京坊差评热评词词云（见图6-4）可知，消费者对北京坊的停车场、服务、电梯、保安、厕所以及缴费等公共服务方面给予了关注和差评。不少消费者表示"北京坊停车不方便且贵""保安人员态度不礼貌""街区设计不合理，导致找不到目的地"等情况，足以说明北京坊的公共服务方面聚集了较多的差评，所以亟须快速改善，以提高顾客感知质量。

⑤在结果输出上，顾客满意对顾客忠诚、顾客抱怨均有显著的影响。顾客满意对顾客抱怨的影响成反比，对顾客抱怨的影响大于对顾客忠诚的影响。顾客满意高会带来两部分的效应：一方面，可以提高顾客忠诚，促使顾客对外进行积极的正面宣传，对内提高再次到访的可能性（结合大数据文本分析可知，许多到访北京坊的消费者是通过他人推荐或第三方平台推荐而来，并且在游玩后也会发表推荐给他人的评价）；另一方面，也会降低顾客抱怨，越高的满意对应越低的抱怨值。顾客满意对抱怨值降低要大于对忠诚的溢价，因此北京坊需要将关注点聚焦于减少顾客抱怨，以此来提高顾客满意。

研究表明：①借鉴国内外学者在CSI领域的理论与实践，创新性加入街区特色空间和业态潜变量，通过实证研究，证明了该潜变量对顾客满意的重要影响，也表明加入CSI的合理性。②大众点评网作为一个受大众欢迎的第三方消费点评平台，其传播内容对消费者的认知、决策具有重要影响。通过网络爬虫和大数据文本分析，可以对历史文化商业街区顾客满意度影响因素进行深入挖掘和分析，同时，丰富了CSI分析的研究方法。本书所进行的探索性研究可为历史文化商业街区顾客满意度指数模型构建和应用提供有益的实践参考。

7.4　北京坊商家消费者关注点研究主要结论

通过数据分析结果，得出了以下结论。

①本次研究首先通过对北京坊这一商区的大众点评网评论相关数据，对其进行整体、好评、差评的评分星级及评论信息的描述性分析，发现大部分消费者对于北京坊的评价都较高，有着良好的顾客满意度。接着，通过分别对好评及差评进行词频分析并根据相关资料和经验，将消费者评价归为14个指标，这部分分析可以对北京坊开发商评价经营现状以及确定改善策略提供依据，如下所示。

A.交通设施系统需尽快优化，现有的停车场所和系统不能较好满足消费者的需求，并且在一定程度上挫伤了消费者的积极性，并且给消费者留下不好的印象。

B.公共服务需广泛完善。现有的街区基础设施设置不太合理，许多消费者表示找不到卫生间，并且楼与楼之间没有指示牌，较难找到目的地，需对公共服务进行整体完善。

②消费者对不同商业业态店铺关注点不同，企业需要有针对性地采取经营战略。本次研究基于相关资料以及对北京坊的描述性分析，将北京坊区域内所有店铺进行了相应分类，其中有包含大部分店铺的餐饮类业态、以酒店为代表的服务类业态、以MUJI、屈臣氏为代表的零售类业态以及休闲娱乐类业态。在简单地进行整体、好评以及差评的描述性分析后，对好评、差评进行词频分析，发现了消费者对不同商业业态的正面及负面的关注点。

③各类业态店铺正面及负面关注点总结如下（见表7-2）：不同业态因其经营内容的不同，消费者正面关注点也不一，企业需要针对性地进行制定经营及改善战略；但可以发现大部分的店铺负面关注点都在店铺所提供服务及服务相关人员方面，说明企业需要高度重视服务水平的提升。

表7-2　　　　　　　　　　　　关注点总结

业态分类	店铺分类	正面关注点	负面关注点
餐饮类	国际	菜品味道和就餐环境	提供服务
	国内	味道和环境	服务、味道、环境
	饮品类	服务	味道、服务

业态分类	店铺分类	正面关注点	负面关注点
零售类	国际	商品品质、价格、店铺风格、环境	店员及服务
	国内	产品设计、价格	产品本身以及价格
服务类	—	酒店、房间及餐厅	服务、餐厅等基础服务
休闲娱乐类	传统型	孩子、影院、环境	服务、工作人员
	文化体验型	书店、拍照、店铺环境及设计	服务、工作人员

④北京坊的历史文化感不强，需要进一步做好文化与商业的结合。北京坊的悠久的历史和独特的地理位置让其在其他商圈中脱颖而出。北京坊主要通过展览的方式来传播其历史与文化，这些也是消费者在文化体现这一特征上的评论重点。尽管在文化影响力、文化传播效果方面，相当一部分消费者对其持认可态度并且主动承担起传播者的身份，也发表了如"希望全国有更多像这样颇具特色的商场"，但也需要注意到其不足的地方。例如，北京坊内无正式的老字号店铺，以及具体店铺评论中很少提到文化、历史，而只是对该店铺进行点评等，初步说明在这方面北京坊还需要进一步进行文化与商业的结合，而不仅是通过老字号的建筑来维持其"文化内核"。

北京坊应做到承载历史文化名城文化基因，巩固延续传统商业地位，围绕"以文化带动旅游、以旅游拉动商业"的发展思路，让文化与商业联盟、商业与旅游互动、旅游与文化交融，将北京坊特色商业区打造成集文化、旅游、商贸于一体的"历史文化街区型游憩商业区"，成为历史文化名城的商业名片。

参考文献

［1］CLAES FORNELL，刘金兰. 顾客满意度与 ACSI［M］. 天津：天津大学出版社，2006.

［2］鲍黎丝. 基于场所精神视角下历史街区的保护和复兴研究——以成都宽窄巷子为例［J］. 生态经济，2014，30（4）：181–184.

［3］北京市规划委员会. 北京中轴线城市设计［M］. 北京：机械工业出版社，2005.

［4］陈向明. 扎根理论的思路和方法［J］. 教育研究与实验，1999（4）：58–63，73.

［5］程遥，赵民. GaWC 世界城市排名的内涵解读及其在中国的应用思辨［J］. 城市规划学刊，2018（6）：54–60.

［6］丁绍莲. 中山市孙文西路历史商业街区的演变及其启示［J］. 现代城市研究，2013，27（5）：98–104.

［7］菲利普·科特勒. 营销管理［M］. 北京：中国人民大学出版社，2001.

［8］费小冬. 扎根理论研究方法论：要素、研究程序和评判标准［J］. 公共行政评论，2008，（3）：23–43，197.

［9］冯四清. 商业街评价体系的构建［J］. 合肥工业大学学报（自然科学版），2004，27（12）：1622–1626.

［10］郭云娇，王嫣然，罗秋菊. 旅游开发影响下民族社区文化记忆的代际传承——以西安回民街历史文化街区为例［J］. 地理研究，2021，40（3）：869–884.

［11］郭紫红. 西安市西大街特色商业街区发展评价研究［D］. 西安：西安建筑科技大学，2014.

［12］赵平. 中国顾客满意指数指南［M］. 北京：中国标准出版社，2003.

［13］洪增林，史新峰. 商业街评价指标体系的构建研究［J］. 西安工业

大学学报，2012，32（1）：68-73.

　　［14］黄焕，BERT SMOLDERS，JOS VERWEIJ. 文化生态理念下的历史街区保护与更新研究——以武汉市青岛路历史街区为例［J］. 规划师，2010，26（5）：61-67.

　　［15］贾旭东，衡量. 基于"扎根精神"的中国本土管理理论构建范式初探［J］. 管理学报，2016，13（3）：336-346.

　　［16］蒋红斌，张无为. 文化综合体将成为中国设计园区发展的新趋势——以"北京坊"为例［J］. 设计，2020，33（14）：150-157.

　　［17］蒋艳. 居民社区休闲满意度及其影响因素研究——以杭州市小河直街历史街区为例［J］. 旅游学刊，2011，26（6）：67-72.

　　［18］凯西·卡麦兹. 建构扎根理论：质性研究实践指南［M］. 边国英，译. 重庆：重庆大学出版社，2009.

　　［19］赖阳，黄爱光. 流通软实力初探及对北京提升流通软实力的建议［J］. 中国市场，2013（47）：47-53.

　　［20］赖阳，黄爱光. 世界著名商业街评价指标体系研究［J］. 中国市场，2013（7）：82-90.

　　［21］赖阳，王春娟. 北京国际品牌分布新趋势［J］. 时代经贸，2018（31）：6-11.

　　［22］李晨. "历史文化街区"相关概念的生成、解读与辨析［J］. 规划师，2011，27（4）：100-103.

　　［23］李馥佳，赖阳，韩凝春. 历史文化商业街区建设与提升分析［J］. 商业经济研究，2018（7）：32-34.

　　［24］李卫星. 基于灰色系统理论的企业顾客满意度评价［J］. 湖北商业高等专科学校学报，2001，13（4）：8-11.

　　［25］李蔚. 管理革命——CS管理［M］. 北京：中国经济出版社，1998.

　　［26］李云燕，赵万民，杨光. 基于文化基因理念的历史文化街区保护方法探索——重庆寸滩历史文化街区为例［J］. 城市发展研究，2018，25（8）：83-92，100.

　　［27］梁学成. 城市化进程中历史文化街区的旅游开发模式［J］. 社会科

学家，2020（5）：14-20.

［28］梁燕. 顾客满意度研究述评［J］. 北京工商大学学报（社会科学版），2007，22（2）：75-80

［29］梁燕. 关于顾客满意度指数的若干问题研究［J］. 统计研究，2003（11）：52-56.

［30］刘家明，刘莹. 基于体验视角的历史街区旅游复兴——以福州市三坊七巷为例［J］. 地理研究，2010，29（3）：556-564.

［31］刘新燕，刘雁妮，杨智，等. 顾客满意度指数（CSI）模型述评［J］. 当代财经，2003（6）：57-60.

［32］刘新燕，刘雁妮，杨智，等. 构建新型顾客满意度指数模型——基于SCSB，ACSI，ECSI的分析［J］. 南开管理评论，2003（6）：52-56.

［33］刘宇. 顾客满意度测评方法的研究［J］. 数量经济技术经济研究，2001，18（2）：87-90.

［34］鲁仕维，黄亚平，赵中飞. 成都市主城区空间形态与街区活力的关联性分析［J］. 地域研究与开发，2021，40（1）：73-77.

［35］陆建成，罗小龙. 权利关系再辨析：对杭州西兴历史街区衰败的研究［J］. 城市发展研究，2021，28（1）：86-93.

［36］吕怡琦. 历史街区文化创意产业的发展及驱动力——以北京南锣鼓巷为例［J］. 商业时代，2014（24）：134-135.

［37］麦咏欣，杨春华，游可欣，等. "文创+"历史街区空间生产的系统动力学机制——以珠海北山社区为例［J］. 地理研究，2021，40（2）：446-461.

［38］毛志睿，陈笑葵，项振海，等. 历史街区街道活力测度及影响因素研究——以昆明市文明街历史街区为例［J］. 南方建筑，2021（4）：54-61.

［39］孟丹. 北京大栅栏商业街与前门大街景观演变的启示［D］. 北京：北京服装学院，2016.

［40］潘雅芳，陈爱妮. 历史文化街区游客体验满意度影响因素研究——以杭州为例［J］. 浙江树人大学学报（人文社会科学版），2015，15（2）：31-37.

［41］彭恺，周均清. 利益相关者理论与历史街区复兴［J］. 城市问题，2012（11）：66-70.

［42］钱树伟，苏勤，郑焕友. 历史街区顾客地方依恋与购物满意度的关系——以苏州观前街为例［J］. 地理科学进展，2010，29（3）：355-362.

［43］荣玥芳，闫蕊. 基于序关系分析法的历史文化街区活力评价——以西琉璃厂街区为例［J］. 北京建筑大学学报，2020，36（3）：1-8.

［44］阮仪三，顾晓伟. 对于我国历史街区保护实践模式的剖析［J］. 同济大学学报（社会科学版），2004，15（5）：1-6.

［45］阮仪三，刘浩. 苏州平江历史街区保护规划的战略思想及理论探索［J］. 规划师，1999，15（1）：47-53.

［46］阮仪三，孙萌. 我国历史街区保护与规划的若干问题研究［J］. 城市规划，2001，25（10）：25-32.

［47］石芸，潘虹尧. 北京流通软实力的国际比较研究［J］. 北京财贸职业学院学报，2015，31（2）：20-24，51.

［48］史蒂文·蒂耶斯德尔. 城市历史街区的复兴［M］. 北京：中国建筑工业出版社，2006.

［49］宋先道，李涛. 顾客满意度指数（CSI）研究现状分析及改进措施［J］. 武汉理工大学学报，2002，24（5）：115-117.

［50］宋晓龙，黄艳. "微循环式"保护与更新——北京南北长街历史街区保护规划的理论和方法［J］城市规划，2000，24（11）：59-64.

［51］孙菲. 从空间生产到空间体验：历史文化街区更新的逻辑考察［J］. 东岳论丛，2020（7）：149-155.

［52］孙逊，李雄，唐鸣镝. 城市历史文化街区保护与利用模式研究——以北京南新仓历史文化街区为例［J］. 云南民族大学学报（哲学社会科学版），2014，31（2）：51-55.

［53］唐晓芬. 顾客满意度测评［M］. 上海：上海科学技术出版社，2001.

［54］唐幼纯，马海林. 上海城市商业街区形象评价与分析［J］. 东华大学学报（社会科学版），2002，2（1）：22-27.

［55］唐玉生，黎鹏，刘双，等. 我国西部地区历史商业街区演化路径及影响因素［J］. 管理学报，2016，13（5）：745-754.

［56］汪侠，顾朝林，梅虎. 旅游景区顾客的满意度指数模型［J］. 地理

学报，2005，60（5）：807-816.

［57］汪应洛. 系统工程［M］. 4版. 北京：机械工业出版社，2008.

［58］王成芳，孙一民. 基于GIS和空间句法的历史街区保护更新规划方法研究——以江门市历史街区为例［J］. 热带地理，2012，32（2）：154-159.

［59］王成荣. 关于流通软实力的思考［J］. 商业时代，2014（6）：4-6.

［60］王河，吴楚霖，张威. 历史性城镇景观方法框架下的广州一德路历史街区保护与更新［J］. 科技导报，2019，37（8）：68-76.

［61］王莉，杨钊，陆林. 经营者/居民参与屯溪老街保护与旅游开发意向分析［J］. 安徽师范大学学报（人文社会科学版），2003，31（4）：425-430.

［62］王灵羽. 城市特色街区的分类体系与开发模式研究［D］. 天津：天津大学，2007.

［63］王璐，高鹏. 扎根理论及其在管理学研究中的应用问题探讨［J］. 外国经济与管理，2010，32（12）：10-18.

［64］王敏，田银生，袁媛. 基于"混合使用"理念的历史街区柔性复兴探讨［J］. 中国园林，2010（4）：57-60.

［65］王念祖. 扎根理论三阶段编码对主题词提取的应用研究［J］. 图书馆杂志，2018，37（5）：74-81.

［66］王锐. 中国版香榭丽舍　前门大街的商业光芒［J］. 炎黄地理，2020（9）：40-43.

［67］王淑娇. 城市文化空间功能变迁与当代性重塑——以北京前门为例［J］. 治理现代化研究，2019（2）：61-66.

［68］王晓晓，曾晓茵，张朝枝. 仿古商业街区的文化氛围生产与游客体验——基于张家界溪布老街的探索性研究［J］. 旅游科学，2020，34（4）：46-55.

［69］王亚辉，明庆忠，吴小伟. 基于IPA分析法的历史文化街区游客满意度测评研究——以扬州东关街为例［J］. 云南地理环境研究，2013，25（2）：9-14.

［70］王永清，严浩仁. 顾客满意度的测评［J］. 经济管理，2000（8）：36-38.

［71］吴军，葛碧霄. 层次分析法在步行商业街景观评价中的应用［J］.

天津城建大学学报，2016，22（2）：98-103.

［72］吴良镛."抽象继承"与"迁想妙得"——历史地段的保护、发展与新建筑创作［J］.建筑学报，1993（10）：21-24.

［73］吴良镛.北京旧城与菊儿胡同［M］.北京：中国建筑工业出版社，1994.

［74］肖杨.北京重点商业街区顾客满意度研究［D］.北京：北京工商大学，2010.

［75］肖月强，黄萍，陈杨林.城市特色商业街评价体系研究——以成都青羊特色商业街区为例［J］.西南民族大学学报（人文社会科学版），2011，32（9）：157-161.

［76］徐小波，吴必虎.历史街区旅游开发与居民生活环境发展研究——以扬州"双东"历史街区为例［J］.人文地理，2013，28（6）：133-141.

［77］许爱林，郑称德，殷薇.基于扎根理论方法的商业模式结构整合模型研究［J］.南大商学评论，2012，9（3）：117-139.

［78］薛凯，岳利中.青岛大鲍岛历史街区公共空间活力特征与提升策略［J］.科学技术与工程，2020，20（21）：8757-8765.

［79］叶小贝.基于ACSI的历史文化街区游客满意度指数模型构建和实证研究［D］.杭州：浙江工商大学，2017.

［80］殷荣伍.美国顾客满意度指数述评［J］.世界标准化与质量管理，2000（1）：7-10.

［81］袁媛.浅析城市更新视角下的文化传播新动能——以北京坊为例［J］.对外传播，2021（3）：47-50.

［82］张春霞，过伟敏，谢金之，等.基于参数化技术的城市历史街区空间肌理重构——以南京荷花塘为例［J］.装饰，2019（3）：80-83.

［83］张锦东.国外历史街区保护利用研究回顾与启示［J］.中华建设，2013（10）：70-73.

［84］张新安，田澎，张列平.顾客满意度测评模型［J］.系统工程理论方法应用，2002，11（3）：248-252.

［85］张扬.北京坊：当空间具有文化意义［J］.国际品牌观察媒介，2021（5）：27-31.

［86］张鹰. 基于愈合理论的"三坊七巷"保护研究［J］. 建筑学报，2006（12）：40–44.

［87］张颖异，柳肃. 浅谈政府行为影响下传统商业街区的演化与重生——以长沙市晏家塘小古道巷为例［J］. 华中建筑，2013，31（10）：147–150.

［88］郑锐洪，张妞，成阳超. 天津市五大道历史街区旅游价值的整合开发［J］. 城市问题，2018（2）：41–49.

［89］周佳. 北京流通"软实力"与城市消费力的关系研究［J］. 北京财贸职业学院学报，2014，30（4）：67–71，66.

［90］朱鹤，王竟如，张希月. 旅游为导向的历史街区复兴综合性评价：以北京前门地区为例［J］. Journal of Resources and Ecology，2019，10（5）：559–568.

［91］朱竑，郭婷，南英. 历史街区型购物场所顾客满意度研究——广州状元坊案例［J］. 旅游学刊，2009，24（5）：48–53.

［92］朱昭霖，王庆歌. 空间生产理论视野中的历史街区更新［J］. 东岳论丛，2018（3）：173–179.

［93］ANDERSON E W, SULLIVAN M W.The Antecedents and Consequences of Customer Satisfaction for Firms［J］. Marketing Science, 1993, 12（2）：125–143.

［94］CADOTTE E R, WOODRUFF R B, JENKINS R L. Expectations and Norms in Models of Consumer Satisfaction［J］. Journal of Marketing Research, 1987, 24（3）：305–314.

［95］CARDOZO R N. An Experimental Study of Customer Effort, Expectation and Satisfaction［J］. Journal of Marketing Research, 1965, 2（8）：244–249.

［96］CHURCHILL JR G A, SURPRENANT C.An Investigation into the Determinants of Customer Satisfaction［J］. Journal of Marketing Research, 1982, 19：491–504.

［97］DAY R L, BODUR M. A Comprehensive Study of Consumer Satisfaction with Services［J］. Consumer Satisfaction, Dissatisfaction and Complaining Behavior, 1977：64‑74.

［98］DORATLI N. Revitalizing Historic Urban Quarters：A Model for

Determining the Most Relevant Strategic Approach [J]. European Planning Studies, 2005, 13 (5): 749–772.

[99] ERBEY D, ERBAS A E. The Challenges on Spatial Continuity of Urban Regeneration Projects: The Case of Fener Balat Historical District in Istanbul [J]. IIETA, 2019, 12 (3): 498–507.

[100] FORNELL C. A National Customer Satisfaction Barometer: The Swedish Experience [J]. Journal of Marketing, 1992, 56 (1): 6–21.

[101] HAIR JR J F, BLACK W C, BABIN B J, etal.Multivariate Data Analysis [M]. Upper Saddle River: Prentice Hall, 1998.

[102] HOWARD J A, SHETH J N. The Theory of Buyer Behavior [M]. New York: Wiley, 1969.

[103] JOHNSON M D, FORNELL C. A Framework for Comparing Customer Satisfaction across Individuals and Product Categories [J]. Journal of Economic Psychology, 1991, 12 (2): 267–286.

[104] MOUSUMI DUTTA, SARMILA BANERJEE, ZAKER HUSAIN. Untapped Demand for Heritage: A Contingent Valuation Study of Prinsep Ghat, Calcutta [J]. Tourism management, 2007 (28): 83–95.

[105] OLIVER R L. A Cognitive Model of the Antecedents and Consequences of Satisfaction Decisions [J]. Journal of Marketing Research, 1980, 17 (4): 460–469.

[106] OLIVER R L.Measurement and Evaluation of Satisfaction Process in Retail Settings [J]. Journal of Retailing, 1981, 57 (3): 25–48.

[107] OLIVER R L.Satisfaction: A Behavioral Perspective on the Consumer [M]. New York: McGraw-Hill/Irwin, 1997.

[108] RYPKEMA D D. Rethinking Economic Values [M] // Past Meets Future: Saving America s Historic Environments. Washington DC: National Trust for Historic Preservation Press, 1992.

[109] SINGH J, WILKES R E. When Consumers Complain: A Path Analysis of the Key Antecedents of Consumer Complaint Response Estimates [J]. Journal of the Academy of Marketing Science, 1996, 24 (4): 350–365.

［110］TEH YEE SING, SASAKI YOH. A Study of Historic Quarter Streetscapes Based on Typology of Tourist-oriented Activity——A Case Study of George Town and Hanoi［J］. Journal of JSCE, 2016, 4（1）: 152-165.

［111］TIM HEATH, STEVEN TIESDELL, TANER OC.Revitalizing Historic Urban Quarters［M］. England: Butterworth-Heinemann Press, 1996: 264-268.

［112］WILLIAMS D R, PATTERSON M E, ROGGENBUCK J W, etc. Beyond the Commodity Metaphor: Examining Emotional and Symbolic Attachment to Place ［J］. Leisure Sciences, 1992, 14（1）: 29-46.